U0070567

經營顧問叢書 ⑱⑦

廠商掌握零售賣場的竅門

黃家德　編著

憲業企管顧問有限公司　　發行

《廠商掌握零售賣場的竅門》

序　言

零售終端是商品與消費者直接見面的地方，也是銷售的第一陣地和終結場所；也是企業在通路各環節中決戰銷售的最後戰場。事實上，重視終端在產品銷售中的作用，早已是行銷界的共識，終端行銷也成爲一種行銷模式被廣泛採用。可以說，在市場競爭如此激烈的今天，誰掌控了零售終端，誰就掌控了自己的命運。

零售終端就如整個銷售管道的出水口，如果出水口堵塞，銷售管道就不暢通，企業就會很快被淘汰。終端起著承上啓下的重要作用，是連接企業、商家和消費者的橋樑和紐帶，是企業實現利潤和消費者獲得所需的關鍵點。

對於企業來說，控制零售終端市場，就掌控了市場的主動權，成為「臨門一腳」的主導者。一方面，提高了企業對銷售管道的調控力，加大了經銷商對企業的依賴程度；另一方面，獲得了消費者的青睞，提高了消費者對企業產品的忠誠度。這樣就強化了企業終端市場的競爭力，從而提升了企業的贏利能力，獲得持續而穩定的高速發展。

本書從實用的角度出發，系統而詳細地介紹了企業終端建設的重要環節，並結合經典案例做了深刻的分析，既有理論性，又有實踐的可操作性。本書分別從零售終端的鋪貨、渲染銷售氣氛、理貨、陳列與展示、導購、促銷、竄貨、零售終端維護的環節進行了論述，為零售終端建設和管理提供幫助。

2008 年 7 月

《廠商掌握零售賣場的竅門》

目　錄

第 1 章

鋪貨——在搶灘登陸戰中制勝

鋪貨是終端管理中的重要一環，它是說服終端商，把產品擺進終端貨架、櫃檯的過程，是集終端關係、終端宣傳、推廣促銷、鋪貨理貨為一體的活動，是市場開發、維護與管理三合一的活動。如果一種產品在市場上鋪不開，即使它的品牌再好、知名度再高，對企業的銷售也是毫無意義的。

1 取得終端戰役的開門紅——鋪貨成功

鋪貨管理是銷售管理的基礎工作，應常抓不懈，強化所有業務人員的鋪貨意識。鋪貨對業務人員的鍛鍊具有無可替代的重要性，因爲鋪貨是最基礎、最繁重的銷售工作，經常和批發商、零售商、消費者打交道，是銷售的最前線，遇到的問題最多，也最容易收集到一手資訊。鋪貨一方面可以磨練業務人員的素質，另一方面可以提高處理各種麻煩的反應能力。經過幾個月認認真真的鋪貨鍛鍊，可以將一個新手轉變成一個自信、經驗豐富的老業務員。

鋪貨能力的高低很大程度上決定了一個企業銷售實力的大小。鋪貨能力取決於鋪貨工具和鋪貨人員的多少以及溝通水準。如果能迅速而準確地鋪貨，就取得了終端戰役的開門紅，爲以後銷售打下良好的基礎。鋪貨工作要實現兩個目標：一是如何把貨快速而準確地鋪到消費者的面前，使消費者容易買得到；二是如何把貨鋪進消費者的心中，讓消費者喜歡購買。對於一個新產品來說，只要順利地進入了市場，獲得消費者認可，鋪貨活動就宣告結束。一般而言，只要順利，鋪貨活動通常在 3 個月內結束。鋪貨能迅速地將新產品鋪進市場的每一個角落，以便廣告活動展開後。消費者能方便地購買到該產品。

當然，進行終端鋪貨時並非不加選擇地對所有終端一視同仁。要知道，對特定的企業或特定的產品來說，並非所有的終端都是有效的。例如，通過調查消費者的消費習慣，西門子發現消費者很少在小型電器店購買冰箱，且小型電器店由於店面形象及專業力量不足，銷售過程中難免會對知名廠家的產品及品牌形象造成損害。因此，西門子將鋪貨的終端鎖定在那些信譽好、對消費者影響大、出貨快、又能樹立形象的零售商身上。所以鋪貨前應該先瞭解企業產品的檔次和消費群體，以幫助企業理性地決定產品要進入那些終端。例如，日常消費品選擇臨近居民區的賣場；而以兒童爲目標對象的產品，要以家屬區和學校周圍的經銷商和賣場爲主。倘若中高價位的產品放在便民店鋪貨，結果只能是投資大，見效少，因爲這裏極少有產品的目標消費者，其購買和消費的行爲幾乎不會在這裏發生；而低檔的小商品非要進入以高消費者爲主的大賣場也純粹是浪費資源。

2 鋪貨的原則和方式

終端鋪貨是開發終端、掌控終端的重要步驟，也是最難的步驟之一。任何事情都有其遵循的原則和進行的方式，終端鋪貨也一樣。終端鋪貨的原則和方式主要體現在以下方面。

一、終端鋪貨的原則

1.精確調研原則

「沒有調查就沒有發言權」，同樣，沒有前期細緻、周密的調研，終端鋪貨就很難順利進行。調研內容一般包括：調查該區域市場的零售商數目，以確定終端鋪貨的時間和鋪貨人員數量；獲取競爭對手資訊，爲制定終端策略做準備；獲取終端零售商的聯繫方式，以便終端鋪貨和後期回訪。

2.針對性原則

鋪貨不能盲目，必須有的放矢。也就是說，企業要針對終端的種類、規模、檔次，選擇鋪貨產品的品種、檔次，確保產品最大限度地滿足目標消費者的需求。這樣才能最終鋪貨成功。

3.及時性原則

由於終端競爭的加劇，鋪貨時常會出現意想不到阻力和困難。所以，只要確定終端銷售意向，簽訂銷售協定後，就要及時地向終端鋪貨，以防夜長夢多。鋪貨成功後，在銷售過程中要根據銷售的具體情況及時向終端補貨，要防止終端斷貨，影響銷售。

4.少鋪、勤鋪原則

由於現在是買方市場，一般不會貨送到就結款，賒欠貨款情況十分普遍，所以，企業最好一次不要鋪貨太多，要採取少鋪、勤鋪的原則，以降低欠賬或退貨風險，也可以減輕自身資金佔用的壓力。

5.二八原則

通常來說，市場業績的 80%是由 20%的終端創造的，所以在鋪貨前期要按二八原則，將 80%的精力放在佔終端總量 20%左右的品質型終端上，即應該將 80%的精力和資源放在一級、二級終端上，20%的精力和資源放在三級終端上。

6.品牌帶動原則

選擇一個主產品，要求包裝、設計上檔次，品質較高，選用合適的價位和促銷手段來塑造品牌形象，以此實現單品突破，在此基礎上帶動其他相關產品的鋪貨。當然，在戰略性區域的成熟市場上，可以利用已經擁有的產品品牌優勢，直接鋪新品，帶動新產品上市。

7.競爭品原則

在終端市場上，競爭對手是產品的主要威脅之一。雖然終端鋪貨的目的之一是爲了提高產品的知名度、美譽度和消費者對產品的忠誠度，但其最終還是爲了實現銷售利潤的最大化。

因此，企業必須對競爭對手的產品有足夠的重視。也就是說，企業終端鋪貨時既要考慮競爭對手對自己的產品在價格、包裝、促銷上的跟進與模仿，甚至利用，還要針對競爭對手制定戰略性的產品、價位、促銷手段來遏制對手，實現自身利益的最大化。

二、鋪貨的形式

1.地毯式鋪貨

把區域內所有銷售終端均納入鋪貨範圍，目的在於通過市場覆蓋率的迅速提升，快速提升品牌的影響力。這種鋪貨形式常見於以大眾型消費爲主的品牌，且企業本身實力超群。比如燕京啤酒爲全面佔領北京市場利用大量三輪車隊開展地毯式鋪貨，見店就鋪，見鋪必鋪，通過鋪貨率的最大化，迅速提升終端市場佔有率。

2.面式鋪貨

選擇區域市場內一定數量影響力較強的終端作爲鋪貨對象，強化產品的較高鋪貨率，增加產品與消費者接觸的機會，提升品牌競爭力。這種鋪貨形式適用於中高檔品牌入市。如某中高檔白酒產品進入某地級市時，選擇了 60 家交通便利、客流量大的二級店作爲集中鋪貨對象，迅速提升產品的覆蓋率和品牌影響力。

3.點式鋪貨

選擇區域市場內少數領袖型終端進行鋪貨，打造品牌的「旗艦店」，樹立品牌的形象，再通過這些領袖終端的影響力，以點帶面，提升市場覆蓋率。這種鋪貨形式適用於超高檔品牌。如某高檔衛浴品牌進入某省會城市，首先選擇市內 5 家一級大型市場終端作爲鋪貨對象，使品牌超級貴族地位迅速樹立起來之後，再將鋪貨重點放到二級店上。

4.打擊式鋪貨

這種鋪貨形式適用於自身實力比較強大的品牌。這種大品牌相對於區域競爭品牌有非常明顯的競爭優勢，因此可以鎖定主要競爭對手的大型終端店，在高利潤、大力度促銷的刺激下，使產品鋪入終端，並通過周到的服務、高效的終端促銷快速提升產品銷量，在削弱競爭對手競爭優勢的同時，提升自身的終端影響力。

5.回避式鋪貨

有實力的大品牌畢竟是少數，處於中等的企業屬於大多數，對於這大多數企業來說，可採取回避式的鋪貨形式。也就是說，先避開強勢競爭對手的鋒芒，從競爭對手實力較弱的區域或競爭對手不重視，甚至空白的終端入手進行鋪貨，取得點的突破，最終實現連點成面，逐步包圍，區域分割的方式，提升自身終端的競爭優勢。

3 鋪貨的具體步驟

通常來講，鋪貨過程主要包括以下活動：廠商的銷售代表跟隨或駕駛本企業的貨車(或由經銷商派車)，裝載本企業的產品拜訪促銷終端的所有成員，包括商場、超市、街頭雜貨鋪等，有時也包括拜訪下線的經銷商。

拜訪的目的是憑藉經銷商與零售店長期的合作關係，由銷售代表積極主動地向零售店詳細介紹企業的背景情況以及產品的特色，使零售店同意進貨。同時張貼廣告，贈送促銷品，並通過口頭交流，使零售店瞭解企業和競爭企業的情況。

一般鋪貨活動多針對企業新近推向市場的產品，包括全新的產品，只要使新產品順利地進入了市場，鋪貨活動就宣告結束。具體來說，一個完整的鋪貨過程包括以下步驟。

一、設置鋪貨機構

鋪貨工作是終端銷售的開始，它主要包括諸如終端關係、終端理貨、終端宣傳、終端促銷、終端維護等一系列行銷活動，要完成這一系列的活動，就必須建立健全相應的組織機構。企業一般都有自己的常設行銷機構和人員。是用現有的機構還是在現行機構基礎上設立臨時鋪貨機構，是設置獨立機構還是與中間批發商建立聯合機構，必須根據鋪貨目標和要求具體分析研究後再確定。

通常情況下，鋪貨機構的成員主要由業務經理、片區主管、業務員組成。他們的主要職責是：

(1)業務經理：主要負責組織管理工作，指導方案制定並決策，召開重要會議，處理鋪貨中遇到的特殊或重要問題。

(2)片區主管：提供具體的鋪貨方案，負責召開鋪貨例會，處理鋪貨過程中遇到的日常問題。

(3)業務員：主要職能是具體進行鋪貨、記錄、宣傳、日常聯絡、裝卸貨物、催收款項等工作。

二、建立管理制度

建立完善的制度是有效管理的重要保證，所以，要成功鋪貨，必須先建立一套完善嚴密的管理制度。在鋪貨過程中一般要建立以下制度。

1.填報表制度

報表必須如實及時填寫並及時上報，通常是一式三份，企業一份、經銷商一份、鋪貨員一份，這樣有利於及時總結經驗教訓，提高效率，還便於掌握鋪貨進度的快慢和規模的大小。

2.例會制度

例會對於鋪貨非常重要，可以及時解決鋪貨中遇到的問題，指導鋪貨工作的順利進行。例會一般分爲早例會和晚例會。

早例會，是指出發前召開動員會。強調鋪貨目標、進度和注意事項，以減少鋪貨的阻力，少犯錯誤：晚例會就是晚上召開總結會，總結、討論鋪貨中的得失、進度情況、遇到什麼困難、如何解決。

(1)早例會。

①傳達每日鋪貨的總目標，並將目標細分，落實到人。

②檢查鋪貨人員的準備工作是否做好，如系列圖表是否帶好、帶足，名片、筆、鋪貨協議書、宣傳圖冊等是否已準備好。

③進行簡單的培訓和鼓勵，以激發鋪貨人員的潛能，提高士氣。

④例會時間不宜過長，達到效果就好，一般在 30 分鐘左右。

(2)晚例會。

①檢查當日總目標的完成情況以及每組目標的完成情況。不管目標完成與否，都要進行總結分析，找到原因，好的保持，不好的及時改進，以便很好地完成第二天的工作。

②各組及時彙報鋪貨過程中遇到的困難，並集思廣義，提出對策。

③統計相關圖表數據。

④在城市地圖上及時註明已鋪點，以便於推廣工作的及時跟進。

3.聯繫制度

鋪貨過程中要進行不斷的溝通和協調，這就要求鋪貨人員之間以及和終端相關人員之間保持通暢的聯繫。要保證電話、手機的暢通，保證隨時有人接聽。

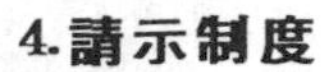

4.請示制度

在賦予鋪貨人員充分自主權的同時，還要有明確的職權劃分。也就是說，在鋪貨過程中遇到職權範圍內無法解決的問題時，鋪貨人員必須請示上級，不能私自做主。

5.培訓制度

培訓是提高技能的重要保證，要使鋪貨工作最終取得成功，必須對鋪貨人員實施必要的培訓，並且要詳細規定培訓的內容及要求，以使培訓圓滿成功。

6.獎勵制度

獎勵是激發鋪貨人員積極性的良好方法，能大大地激發鋪貨人員的工作熱情。所以，在鋪貨的過程中，要及時總結鋪貨人員的新思路、新方法，對於有創意、富於建設性的方法、思路要及時給予精神和物質上的獎勵，並大力推廣。對於工作積極主動、業績顯著者要及時表揚鼓勵，可以設置相關的獎項，如鋪貨狀元、優秀團隊、最佳創意獎、最優報表獎、最佳配合獎等。

7.紀律要求

必須嚴明紀律，準時上下班，按時開會，嚴格按要求執行。如建立簽到制度，制定相應的處罰辦法等。

8.贈品管理制度

鋪貨時，一般都有一定的贈品，以促進鋪貨的順利進行。如果沒有完善的管理制度，就起不到相應的效果。所以，一定要管理好贈品的發放，什麼時間發放、發到什麼地方、發放品種和數量要登記報表。

三、明確劃分區域和鋪貨順序

1.劃分鋪貨區域

根據市場調查分析所得的資料，企業通常將鋪貨市場分爲三大類：批發市場、大型店鋪市場、便利店市場。

⑴批發市場：主要指城市的中心批發市場和周邊批發市場及各省二級、三級批發門市部。

⑵大型店鋪市場：主要是指城市及近郊的大商場、超級市場、量販店、專賣店等。

⑶便利店：主要指在城市市區和小街道旁的普通商店、小超市。

在區域的劃分上一般有城市中心、近郊、周邊縣城及重點鄉鎮等幾種。無論那種劃分，都必須根據產品的性質、經銷商的資源、企業的資源劃分。還必須事先調查摸清產品的目標消費群相對集中的區域，找出重點銷售區域，做到重點突破。

主要的區域劃分方法有：

⑴按人口密度劃分：如城市中心、近郊、周邊縣城及重點鎮。

⑵按城市行政區域劃分：如東城區、西城區等。

⑶按主要街道進行街區劃分：在城市的主要街道劃分，是根據線路原則進行的，即使是任何一個區域，縣城和鄉鎮都必須遵循這條原則，否則，鋪貨沒有原則性、系統性，有的區域重覆鋪貨，而有的區域無人鋪貨，出現鋪貨混亂，從而影響鋪

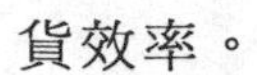

貨效率。

2.確定鋪貨順序

科學的鋪貨順序能保證較高的鋪貨效率。企業確定鋪貨順序時，是先易後難還是先難後易，是策略問題。不存在孰優孰劣。有的企業善於啃「硬骨頭」，慣於由難到易，如海爾冰箱開發國際市場時，先從德國、美國等競爭最激烈的市場開始，集中優勢兵力攻下制高點後，其餘市場便「一覽眾山小」了。而有的企業實力有限，就要採取先易後難的策略，等站穩了腳跟，再逐漸進行比較困難的鋪貨。

四、與終端簽訂協議書

與終端簽訂協定是鋪貨過程中很重要的一個環節。簽訂了協定，企業的相關利益就有了保障。與終端的協定中，主要約定供貨的規格及價格、終端的付款方式及時間、貨物的陳列位置、進場費等。與終端簽訂協定時要仔細地斟酌，不要操之過急，要進行必要的討價還價，儘量降低終端鋪貨的成本。

五、系列圖表的設計與使用

鋪貨人員應設計好「鋪貨記錄表」和「階段性鋪貨匯總分析表」等系列表格，主要內容有：客戶名稱、位址、負責人姓名、電話、商業性質及第一次進貨品種、規格、數量、時間；第二次進貨時間和注意事項，進貨品種、規格、數量等。圖表

在使用中應保持各項數據的完整性和準確性。

六、實施鋪貨計畫

完整科學的計畫需要有效地實施，只有真正地付諸實施，才能體現計畫的價值。鋪貨計畫的實施要堅持「點多、面廣、少量、迅速、不斷」的原則，鋪貨過程中各類人員要統一行動，各司其職，嚴格按鋪貨方案進行操作；鋪貨中一定要約定所有終端的統一零售價；所有人員必須遵守鋪貨過程中的紀律，確保整個鋪貨隊伍的紀律性。注意鋪貨分階段、分類別進行推進；鋪貨中一定要經常計畫、總結、培訓，確保鋪貨的順利進行。

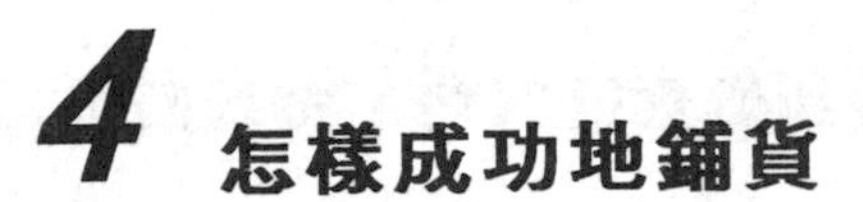

4 怎樣成功地鋪貨

在終端競爭中，鋪貨至關重要。只有成功鋪貨，才能真正解決企業產品和消費者見面的問題。但是由於終端的空間資源有限，零售終端的進入門檻越來越高，新產品層出不窮，這就給終端鋪貨增加了阻力。特別是對一些實力並不是很強的企業來說，產品知名度不高，推廣費用也有限，很難引起終端的重視。那麼，在終端競爭中，採取怎樣的策略才能成功鋪貨呢？

一、要對零售終端給予適當的獎勵

實行鋪貨獎勵的目的是爲了激發終端的鋪貨積極性，減少鋪貨阻力，從而大幅提高鋪貨率。

鋪貨獎勵有很多種，比如定額獎勵、獎勵、進貨獎勵、加盟獎勵、鋪貨風險金、促銷品支援、免費產品和現金補貼等。例如，某飲料公司在鋪貨時實行坎級獎勵，他們規定終端進貨 5～10 箱折扣 2%，11～30 箱折扣 5%。超過 30 箱折扣 7%。這樣，極大地激發了終端的積極性，公司取得了較高的鋪貨率。

企業採用什麼樣的鋪貨獎勵方式，主要是根據具體的產品而定，可單獨實施。也可交叉進行，目的是爲了鼓勵各級終端主動鋪貨，這比企業自己花費大量人力和廣告費用進行鋪貨要見效得多。

二、尋找鋪貨管道盲點，實行回避式鋪貨

找出鋪貨管道盲點，就可把鋪貨的競爭阻力減少到最小，鋪貨成功的可能性就會最大化。在具體鋪貨過程中，進入管道盲點有兩種情況。

⑴可以在鋪貨管道上避開競爭。也就是關注被大部分企業忽視的管道盲點，挖掘新的終端網點，開闢新的銷售管道。在這種管道中，企業的產品獨此一家，這樣既減少了鋪貨阻力，又避開了同類品牌的競爭，並且也會由於購買方便而深受消費者青睞。

例如，可采眼貼膜不進商場進藥房的鋪貨策略很值得借鑑。可采眼貼膜在終端鋪貨選擇上，採取的是迂回戰術和遞進策略。避開商場終端，改走藥房終端，無疑是一種創新手法。這樣減少了進場費、專櫃費等高額投入，鋪貨成本大大降低。更重要的是，避開了競爭風險，產品不會淹沒在商場琳琅滿目的化妝品裏。可采眼貼膜在鋪貨上採取逐步遞進策略，上市初期，眼貼膜可以僅在各大藥房有售，待品牌知名度上升，有了一定的銷量基礎後，再逐步滲透到商場、超市或專業超市。

⑵在鋪貨時機上避開競爭。企業也可以採取避實就虛的策略，另闢蹊徑，往往也能大大提高鋪貨速度。如企業可以在選擇鋪貨的時機上避開競爭。多數產品都有銷售淡旺季之分，企

業在鋪貨時，可以反其道而行之，選擇淡季進行，這樣可以避開激烈的鋪貨競爭，爲旺季熱銷打下基礎。一方面，淡季產品進入市場的阻力相對較小；另一方面，淡季進入市場，容易讓各通路成員和消費者對產品形成初步印象，爲旺季熱銷做好鋪墊。另外，鋪貨需要時間，旺季鋪貨會錯過消費高峰期，而且如果企業的產品是新品牌，在旺季與大品牌「真刀真槍」地硬拼，更難取勝。

例如，今世緣酒在淡季導入市場使消費者產生懸念，旺季到來之前突然大面積地鋪貨，迅速佔領具有輻射功能的市場。又如，勁酒針對夏天是白酒銷售淡季的現狀，反其道而行之，抓住淡季各個競爭對手都在休養生息的好機會，取得了二級店、三級店鋪貨率達 70%的鋪貨效果，爲冬季上量打好了基礎。等到冬季上量以後，競爭對手反應過來後爲時已晚，此時，勁酒已經擁有自己的消費群，品牌已經在終端和消費者中樹立起了自己的形象，競爭對手想動搖勁酒的地位已非易事。

三、進行積極的情感溝通

在鋪貨前對終端負責人進行情感投資，通過客情關係來增進終端負責人對產品和品牌的興趣，激發其銷售積極性，從而主動地經銷企業的產品。

例如，有個大型夜市非常著名，夜市上的啤酒產品被當地品牌長期壟斷，某啤酒爲打開這一市場，首先組織老闆免費到當地風景名勝區進行爲期兩天的觀光旅遊，參觀花園式的啤酒企業。並通過深度的產品和品牌賣點宣傳，使老闆們從內心接受了這個品牌，幾乎全部答應以現款的方式銷售該品牌啤酒。結果在一周之內，100 多家攤點的鋪貨率達到 100%，專銷率達到 95%。又如，一個白酒品牌爲打開一個地級市的餐飲終端，首先向事先考察並選定的 90 家目標終端負責人發請帖，邀請他們參加企業舉辦的商務酒會，並特別強調必須是終端負責人親自到現場憑名片及身份證才能有精美禮品贈送。接到請帖的終端基本上都派人參加，酒會上企業行銷人員充分地與終端負責人進行交流與溝通，並現場進行產品品嘗，進行產品特點、行銷政策等方面的講解，使終端負責人充分認識到此品牌的贏利潛力，40%的負責人當場表示願意進貨。會後，行銷人員根據記錄對終端負責人進行跟蹤並實施鋪貨，80%以上的終端都非常順利地實現了鋪貨，另外 20%的終端雖然猶豫，但經過企業行銷人員的努力，大多數也或多或少地進了貨，企業最終實現了目標終端鋪貨率 98%的成績。

四、樹立「榜樣點」，以點帶面

企業可以重點突破，先啓動並做好少部分終端，樹立企業產品的形象，提升其他終端的信心，進而全面佔領市場。這種樹立「榜樣點」，以點帶面的鋪貨策略有三種情況。

⑴以點帶線，以線帶面。企業可以在鋪貨前首先針對消費者做現場宣傳促銷，迅速啓動該點市場，該點市場啓動以後，再對該區域開展鋪貨工作。此種策略是以點的啓動來拉動面的

鋪貨，目的是使銷售熱點成爲榜樣，從而刺激其他終端主動鋪貨。這種「榜樣點」的銷售狀況對建立經銷商和零售商的信心非常關鍵。

⑵抓住並充分利用「終端領袖」。「終端領袖」是指那些規模較大、經營時間較長、對其他管道成員具有很大影響力的終端零售商。大型零售終端是消費者最常去的採購場所，是消費者瞭解產品的場所，也是其他零售店效仿的主要對象，所以它不僅能帶來非常大的銷量，更重要的是其對消費者和整個零售商的示範效應。借助大型零售終端在流通領域的威望和影響力來減小鋪貨時的阻力。只要把「終端領袖」說服了，其他管道成員的工作自然就會迎刃而解。所以，要千方百計挖掘其最大的銷售和示範潛力，工作盡可能深入細緻。

華帝公司的終端鋪貨策略，就採用這種方法。華帝在大量鋪貨前就先找到當地具有很大影響力的商場家電部經理，委託他召集其他各大商場的家電部經理，開一個小型的產品展示會，商議華帝產品統一上市事宜。通過這種利用「終端領袖」鋪貨的方式，華帝當時在 500 多家大中型商場開設了專櫃或專廳，其效果非常顯著。

⑶建立樣板區域市場。對於中小企業而言，由於實力的原因，可以尋找較易突破的一塊區域市場，集中營銷資源、優勢兵力，從人力、物力、資金方面全面配合，首先建立「樣板市場」，全力促使該局部區域市場進入良性循環。樣板市場一旦建立，其他區域市場的經銷商以及零售商看到這個產品的良好前景，就會主動找企業洽談進貨事宜。

背背佳上市之初採取的就是這種先建立「樣板市場」的策略，集中資源建立根據地，從而最終形成「燎原之勢」。背背佳首先選 H 市場作爲「樣板市場」，集中優勢兵力，先把產品做起來，在廣告宣傳和終端促銷等方面都投入了鉅資。在最短的時間內，就迅速啓動了市場。

在建立了「樣板市場」之後，天津經銷商和零售商開始大把大把地賺錢。這時，背背佳就把全國各地的經銷商召集到 H 市參觀學習，甚至讓經銷商自己親自站櫃臺，感受一下產品旺銷的氣氛。如此一來，使全國各地的經銷商都看到了背背佳的銷售潛力，從而激發了經銷商對產品前景的信心。「樣板市場」的成功，吸引了眾多經銷商經銷這一產品，大大減少了背背佳進行全國市場鋪貨的阻力。

在企業建立「樣板市場」的過程中，首先要正確地考察它的輻射能力和示範能力，需根據產品的特點選擇最能接近目標消費群體、最能對目標終端造成影響的區域市場。「樣板市場」成功建立起來後，要對其成績進行大力宣傳，有了第一個點，就會有第二個點，從而形成市場的全面開花，產品也就迅速鋪開了。在「樣板市場」的帶動下，利用產品的旺銷氣氛，再對經銷商採取相應的鋪貨激勵，尤其是重點終端，激勵手法和幅度也要相應提升，甚至採用先進貨後付款、試銷、購買商場鋪貨空間等辦法，充分發揮「樣板市場」的模範作用，進行成功的鋪貨。

五、「搭便車」策略

「搭便車」策略的核心就是「借」。爲了降低新產品的鋪貨阻力，把新產品和暢銷產品捆綁在一起銷售，利用原來暢銷產品的管道來「帶貨銷售」。提高新產品的鋪貨率，或者是弱勢產品跟進強勢產品，借力鋪貨。

杜康酒在鋪貨時就採用這種策略。杜康在某地利用經銷當地成熟品牌——漓泉啤酒的經銷商作代理。爲了使杜康酒迅速到達終端，縮短鋪貨時間，杜康採取了與漓泉啤酒捆綁銷售的方法，以降低鋪貨的難度，增加終端主動銷售的效果。具體操作方法是：凡在鋪貨期間購買一件 28 度或 35 度杜康酒，均贈送一件漓泉啤酒。

眾多終端零售店老闆基於與經銷商的多年合作和漓泉啤酒的暢銷，均表示願意接受這樣的銷售方式，杜康酒的鋪貨工作因而非常成功，終端鋪貨率超過 90%，該市的酒樓、飯店、大排檔等消費終端都擺上了杜康酒。這種「搭便車」策略對弱勢產品尤其實用。

六、讓消費者免費品嘗

在新產品初上市時往往因終端對產品缺乏認識和信心，鋪貨時會遇到較大的阻力。可先從消費者入手，直接在終端消費者身上下功夫，激發消費者的購買熱情。只要啓動了消費者，零售商對該產品就有了銷好的信心，他們就會聞風而動，要求經銷該產品，這樣就會大大減少鋪貨的阻力。

例如，金星涼啤上市時，爲讓終端消費者迅速認識並接受這一產品，對目標終端店每店送品嘗酒一件，不得銷售，只允許終端店免費讓消費者品嘗。

七、適量鋪底貨

在終端競爭十分激烈的情況下，如果中小企業無法大規模投入廣告來帶動消費、拉動終端，要想現款鋪貨是很難的。在這種情況下，可以通過提供鋪底貨來達到較高的鋪貨率。鋪底貨暫不收貨款，待其賣完後第二次進貨時，才要求必須現金交易。但鋪底貨數量必須嚴格限制，同時配合必要的廣告投放和促銷活動。使產品儘快產生銷售，引起終端興趣，形成良性循環。這種方式因爲減少了經銷商進貨的資金壓力，經銷商自然也就樂於主動鋪貨，廠家也因此減小了鋪貨阻力。例如，某白酒企業爲了減少鋪貨阻力，加快鋪貨速度，對選定的終端店按其銷售能力和信譽級別給予適當的貨物鋪底，一級店鋪底貨款金額爲 2000 元，二級店爲 1500 元。三級店爲 1000 元。第二次鋪貨時上次欠款結清，一個銷售年度結束後，結清全部欠款，方對終端予以結算年度返利。

5 廣告鋪貨

廣告與鋪貨是企業終端工作中必須面對的兩個問題。然而，要分清兩者誰輕誰重，誰前誰後，據此給終端工作提供支援，並不是件容易的事。廣告鋪貨一般有兩種操作形式，一是廣告在前，鋪貨在後，即通過宣傳使消費者瞭解企業產品，熟知其功能、特徵，使消費者產生需求，從而拉動消費，促使經銷商和終端商主動要求鋪貨；另一種方法是鋪貨在前，廣告在後。事實上，不管那個在前那個在後，都各有利弊。

這種方式的重點是先刺激需求，然後以需求帶動產品的流通。一方面先打廣告可以使消費者產生認知，因爲廣告效應具有滯後性，消費者對廣告要接受一定程度後才會產生購買行爲，可以充分利用時間來安排鋪貨。

另一個重要方面則是廣告的投放利於對管道的控制，因爲管道進貨往往受廣告的影響，甚至是一個主要的因素，因此在廣告後鋪貨，可以順利地使管道接受產品，縮短鋪貨的時間。採用這種方式最關鍵的是要對市場進行充分的調查，掌握消費者及管道對廣告的態度；同時也要做好充分的準備工作，在投放廣告的同時完成鋪貨的所有前期工作；另外，鋪貨時間要掌握好，可以在市場上造成期待心理後再鋪貨，但時間不能拖太長，以免使消費者的興趣降低。

例如，勁酒非常注重終端 POP 廣告的投入，POP 廣告與首次鋪貨同時進行，貨到廣告到，在首次鋪貨時，組織專人將鏡框式廣告畫、小紅繡球、圓球筆等配發、投放到位，並定期檢查、維護，利用廣告宣傳迅速提升品牌影響力，促進銷售。

1.優點

⑴給予鋪貨有力支援，減少鋪貨阻力。廣告配合終端鋪貨，使經銷商和終端零售商感覺到這一產品是有廣告支援的，可以降低市場導入阻力。

⑵有利於集中、快速地大規模鋪貨。有廣告支持，鋪貨工作比較順利，大大縮短了鋪貨時間。鋪貨時間集中，有利於產品大規模推廣，同時又節省了鋪貨費用。

⑶有利於鋪貨時實現「現款現貨」。廣告宣傳已給企業產品樹立了良好的形象，經銷商和終端商已對產品有一定的瞭解，消費者也對產品產生一定的認同，所以，企業有要求「現款現貨」的資本。

2.弊端

⑴如鋪貨嚴重滯後，就會造成廣告浪費。如果廣告先行，鋪貨卻因某種意想不到的原因受阻，或與廣告相應的鋪貨面偏窄，產品在銷售終端鋪開率不高，那麼即使廣告做的再好，也會導致廣告投入浪費。因此，廣告在前，鋪貨在後，在鋪貨之前展開廣告攻勢，廣告投資風險較大。

⑵如鋪貨嚴重滯後，就會導致看到廣告的消費者想買買不到。消費者的購買衝動不能及時、迅速地轉化爲現實購買，那

麼消費者的熱情就會退卻，導致鋪貨失敗。例如，2002 年韓日世界盃期間，健力寶花費 3100 萬元廣告費，在電視黃金時間段不停滾動播出廣告，戶外廣告也大量出現，強勢推出其新產品「第五季」，使其知名度迅速飆升到 90%。但當消費者慕名而去尋找「第五季」產品時，卻發現各大市場的貨架上並沒有出現「第五季」產品的蹤影。直到 2002 年 7 月中旬，健力寶新飲品「第五季」才開始在大規模鋪貨，但是「第五季」廣告攻勢已是強弩之末。終端鋪貨沒有跟上，既浪費了巨額的廣告費，又使大部分經銷商和零售商以及消費者對「第五季」失去信心，最終導致健力寶的失敗。

⑶容易被同類產品競爭者分享廣告或被終端攔截。一般的廣告鋪貨策略有利也有弊，其實企業還可以利用創新的思維，開拓廣告鋪貨的新空間，使廣告鋪貨的效果更好。這種策略就是廣告與鋪貨交替著進行，兩者互相促進和補充。但採用這種策略應注意以下幾點。

①廣告前進行試探性鋪貨。試探性鋪貨是最好的鋪貨調查，通過試探性鋪貨可以瞭解經銷商、零售商對產品、鋪貨政策的態度，對企業產品廣告支援、廣告投放的意見和建議等。通過摸底調查，做到有的放矢，有針對性地制定廣告投放策略、媒體策略和鋪貨政策，可大大提高廣告與鋪貨的成功率。

②少量廣告支持第一輪鋪貨。對於第一輪的鋪貨可投入少量廣告支持。或「廣告先行，鋪貨緊跟」，或「廣告鋪貨同時進行」。這樣做的目的是使經銷商、零售商感覺到這一產品是有廣告支援的，從而樹立經銷商、零售商經銷企業產品的興趣和信

心，減少鋪貨阻力。

③廣告攻勢支持第二輪鋪貨。通過第一輪鋪貨，使鋪貨達到一定水準後。可展開第二輪大規模廣告攻勢。第二輪廣告比第一輪廣告投放量要大，持續時間要長，力度要強，以形成大規模廣告攻勢。

第二輪廣告的目的主要有兩個：一是繼續針對經銷商和零售商，進一步樹立其經銷企業產品的興趣和信心，從而將在第一次未能鋪貨到位和較難鋪貨的地方繼續鋪貨到位；二是啓動大量消費者，廣告與終端促銷相配合，激發消費者的購買熱情，有力地拉動終端消費。

④終端促銷緊跟各輪鋪貨。鋪貨只是手段，促進終端銷售才是最終目的。如果產品鋪貨到位以後，但是終端促銷沒有及時跟進，就可能使剛上貨架的產品變成疲軟產品，導致企業前期的鋪貨前功盡棄。而且，已鋪貨的終端售點如果不能儘快產生現實銷量，就會比那些沒有鋪貨到位的售點更糟。

產品上市，最重要的就是終端消費，沒有消費就沒有終端銷售，零售停滯就會反過來影響經銷商直至生產企業。因此，在重視產品鋪貨工作的同時，應當充分重視終端的消費拉動工作。

產品鋪貨到位以後，終端促銷一定要及時跟進，使廣告拉力與促銷推力相互結合，相得益彰。廣告激發消費者的購買慾望，產生購買衝動，而終端促銷使消費者看到廣告後產生的購買衝動及時、迅速地轉化爲即時即地的現實購買。廣告拉力與促銷推力相結合。就能成功拉動終端消費，儘快形成銷售，促使已鋪貨的售點儘早出貨，從一開始就形成良好的終端銷售。

產品的暢銷會進一步引起終端注意，刺激經銷商和零售商的進貨意願，變生產企業被動鋪貨爲經銷商家主動要貨，從而形成良性循環。以拉動終端消費的方式來向經銷商和零售商推銷產品，是最高明的鋪貨策略。

總之，要使廣告鋪貨產生良好的效果，就必須正確處理鋪貨、廣告和終端促銷三者之間的關係，廣告與鋪貨不能脫鉤，終端促銷與鋪貨不能脫鉤。實踐證明，廣告、鋪貨交替進行，促銷跟進啓動終端，從而形成良性循環，是一種成功的鋪貨策略。

6 鋪貨過程的監控

對鋪貨的全過程進行監控可以提高鋪貨的實際效益。從而達到提高銷售額的目的。如果對鋪貨全過程缺乏監控，就會出現不應有的錯誤，對鋪貨的實際效果產生影響，甚至出現事倍功半的情況。

一、努力提高鋪貨的實際效益

有一些企業非常強調產品的鋪貨率和麵市率，認爲追求100%的鋪貨率是終端成功的保證。還有些企業則只抓重點終端反對高鋪貨率，認爲這樣做不經濟，運作成本太高。其實，這兩種觀點都有其片面性，鋪貨率和麵市率不應成爲企業終端關注的重點，鋪貨的實際效益才是真正應當關注的。

1.處理好前期鋪貨和後期管理的關係

許多企業只一味強調前期鋪貨，而不重視鋪貨的後期管理，以爲把產品鋪出去就萬事大吉了。實際上，鋪貨之後並不等於產品就賣出去了，只有能將產品及時賣給消費者並形成良性循環的售點才是有效的鋪貨網點。所以，企業不但要重視前期鋪貨，更要重視鋪貨的後期管理。

處理前期鋪貨和後期管理的關係時，要明確以下兩點。

⑴鋪貨率不等於上櫃率。產品雖然送到了終端，有時卻在貨架上找不到產品，零售商把產品存放在倉庫裏，或是放在貨架下面顧客看不見的地方，實際上等於只是實現了倉庫轉移，並沒有達到應有的效果。因此，在強調鋪貨數量的同時，還要抓好鋪貨的跟蹤服務，狠抓產品上櫃率。並且要儘量搶佔貨架的最佳陳列位置。

⑵日常理貨同鋪貨一樣重要，也需常抓不懈。由於零售店內每類產品都有多個企業的產品，零售商很難關照到每一個產品，因而需要我們主動出擊。業務員在定點定時的日常鋪貨和拜訪過程中，應加強理貨工作。

一些著名的外資企業都有專業理貨員，每天奔波於各售點幫助店員理貨，可見理貨對於銷售的重要性。

業務員在銷售店應時刻注意保持產品清潔無缺陷，讓產品始終以誘人的魅力展現在消費者面前；產品儘量與同類暢銷產品集中擺放，且使產品處於最佳視覺位置，或者使用生產企業統一的陳列架陳列；對於商場、超市，應當實行系列產品集中堆放，擴大佔地面積，增強視覺衝擊力；品種較多時可設立專櫃銷售。

2.注重鋪貨網點的品質

雖然鋪貨率十分重要，但也要處理好網點數量同網點品質的關係。如果盲目地追求鋪貨率，就會加大鋪貨成本，既造成資源浪費，又影響了對重點終端的集中投資力度。

出貨率同鋪貨率一樣重要。有的企業雖然鋪貨率很高，但鋪貨網點的銷售業績卻並不理想。鋪貨網點的出貨率並不高。企業除應把鋪貨率作爲重要考核指標外，各網點的出貨率也應是一個重要的考核指標，網點出貨率同鋪貨率一樣重要。

一些企業爲了提高出貨率，在鋪貨時採取「抓大放小」的策略，即抓住銷量大的網點，把主要資源投放其中，而把小的網點放在次要位置，這樣既提高了鋪貨率，也提高了出貨率。

鋪貨率雖然是網路開發中的重要指標，但不是唯一指標。鋪貨率太低不利於銷售，但也不是越多越好。有的企業雖然鋪貨率非常高，但網點的銷售業績及廠商合作關係卻不理想，因此造成了資源浪費。西門子在網點建設方面就有一個良好的戰略規劃，尤其重視網點的品質。西門子在一個地區重點扶持一個點，而不是遍地開花，等時機成熟後再增加新的銷售網站。他們所選的點基本是做一個活一個，走的是「以點帶線，以線帶面」的路線。西門子的鋪貨率並不算高，但卻取得了極大的成功，這與其注重網點的品質是分不開的。因此，企業一定要注重網點的品質，不能只片面要求終端鋪貨網點的數量，而應更加重視鋪貨網點的運行品質和效率。所選的鋪貨網點要做一個成功一個，如此才能培育市場，保持市場鋪貨的可持續發展。

3.企業必須注重產品的實銷量

還有這樣一種情況，那就是鋪貨量與實銷量的關係。產品離開企業到售出之前屬於鋪貨，售出之後叫做實銷。鋪貨量與實銷量之間雖然有明顯的對應關係，但兩者並不總是同步。通常情況下，在一定的時段內，總是鋪貨在前，實銷在後。

鋪貨量是否越大越好？如何把握？這取決於鋪貨量的邊際

效應。在產品投放市場的起始階段，加大鋪貨量可以推動實銷量增長，鋪貨量的增長部分與實銷量的增長部分是同步的，此時，鋪貨量的邊際效應遞增。市場逐漸飽和後，鋪貨量增長的那一部分對實銷量的影響越來越小，此時，鋪貨量的邊際效應遞減。

鋪貨量邊際效應的變化表明，加大鋪貨量並不一定能增大實銷量。因此，企業必須根據鋪貨量邊際效應的變化科學安排鋪貨的數量。因鋪貨滯後、量少而影響實銷固然令人遺憾，但問題不難解決，重要的是要克服鋪貨量的負效應。其實，在特定的時段內暫停或減少鋪貨量，實銷量並不因此而減少，因為客戶還有足夠的庫存。

二、鋪貨人員督導

鋪貨人員的工作是否到位是鋪貨成功與否的關鍵。鋪貨人員是企業督導的重點，鋪貨的進度如何，是否按計劃實施，實施效果怎樣，企業都應密切關注。報表的塡寫是鋪貨監督的一個方面，除此之外，企業經常對鋪貨區域進行調查，也是監督鋪貨員工作的一個非常好的方法。

三、及時回訪鋪貨終端

鋪貨是一個持續的過程，需要進行跟蹤服務和管理監控。所以，生產企業的鋪貨人員工作完成以後，要做好鋪貨終端的回訪工作。企業要安排好電話訪問內容及以後拜訪的時間，拉近經銷商和終端零售商的關係。而且每次的回訪都應及時記錄，填寫市場調查跟蹤表，以便及時爲鋪貨終端提供服務。這樣，企業才能和終端建立良好的關係，共同把市場做好。

做好鋪貨過程的監控，是企業鋪貨成功的重要保證。企業必須明白這一點，嚴格執行各種鋪貨的規章制度，加強管理，持之以恆，真正提高鋪貨的實際效益。

7 鋪貨執行效果的評估

企業終端鋪貨工作完成後，就要對鋪貨的執行效果進行評估，以便積累經驗，對下次鋪貨進行指導，調整不當的鋪貨策略。

企業的鋪貨策略以及對執行效果的評估，主要考慮以下 3 方面的因素。

一、鋪貨率

鋪貨率是衡量企業終端鋪貨成功與否的重要指標。在業界，通常都用鋪貨率的高低來評估企業的鋪貨品質。

所謂鋪貨率，就是在所在區域適合產品銷售的目標零售商總數中，有多少家零售商在銷售本企業的產品，這些已經鋪入產品的零售商佔目標零售商總數的比例。顯而易見，鋪貨率越高，表示產品接觸消費者的面越廣，產品被目標消費者接受的可能性就越大，同時，還可以降低產品銷售業績過於集中所帶來的風險。

例如，某區域適合銷售某產品的零售店有 100 家，已經實現鋪貨的是 80 家，則這一產品的鋪貨率即爲 80%。

鋪貨率的提升是企業產品銷售量增長的根本保證，也是管道管理的核心內容。要達到理想的鋪貨率，必須有明確的鋪貨目標以及鋪貨計畫。

1.鋪貨目標

一般來說，在產品上市的不同階段有不同的鋪貨目標，但不管是處於那個階段。鋪貨目標的制定都必須考慮兩個因素：零售商總數以及目標鋪點。

⑴零售商總數：根據產品的特點和消費者購買行爲特徵確定對應的零售商類型。再根據可以取得的資料以及銷售人員現場走訪的情況確定零售商總數。

⑵目標鋪點：目標鋪點一般不會等同於零售商總數，因爲鋪貨目標會因爲產品不同上市階段而制定的鋪貨標準不同而有不同的結果。例如，大部分實行大眾化行銷模式的保健品，在產品上市階段通常會把大中型零售商以及大中型藥店作爲目標鋪點，對其他類型零售商的鋪貨要等到對消費者的需求拉動達到一定程度後才會作要求。

還有值得注意的一點是，這裏討論的鋪貨率一直是指算術鋪貨率。在鋪貨品質的評估上，AC Nielsen 公司提供的鋪貨率調查評估指標除了算術鋪貨率以外，還有產品加權鋪貨率，所謂產品加權鋪貨率是以某零售商銷售某產品的銷售金額作爲基準加以加權後計算出來的鋪貨率。以下舉例說明算術鋪貨率、產品加權鋪貨率的計算方法。

假定某區域有 A、B、C 三個適合某產品銷售的零售商，經營面積分別爲 $100m^2$、$100m^2$ 和 $200m^2$，年銷售額分別爲 100 萬元、200 萬元和 200 萬元。不同的鋪貨方式會帶來不同的鋪貨率，所反映出來的對銷售業績的影響也截然不同。。

不同鋪貨率的計算方法：

	算術鋪貨率	產品加權鋪貨率
只鋪 A 店	33%	20%
只鋪 B 店	33%	40%
只鋪 B 和 C 店	67%	80%

儘管在實際銷售管道管理過程中，不一定會按照以上兩種鋪貨率同時計算並確定兩個不同的鋪貨率標準，但是必須清楚地認識到，不同類型的零售商對銷售業績的貢獻程度不同，在鋪貨率的要求上也必然有所不同。越是銷售貢獻大的零售商，越是鋪貨的重點客戶。

2.鋪貨計畫

在鋪貨目標確定以後，銷售人員應該將目標鋪點進行分類，用甘特圖(即工作進度表)進行控制，並具體落實責任人、鋪貨時間、產品規格要求等內容。爲了達到鋪貨率目標並且穩定提高，企業有必要對終端銷售人員進行培訓，並同終端管理人員一起，制定每天、每週、每月的鋪貨進度表，用每日訂單數和每日新開發零售商數兩個指標進行控制，這樣既可以滿足業績增長的要求，也可以滿足鋪貨率達成的要求。

在適當的時候，企業可以考慮爲終端銷售人員制定獎勵辦法，以激發其積極性。

執行鋪貨計畫時，如果發現終端的能量已經發揮到極限，

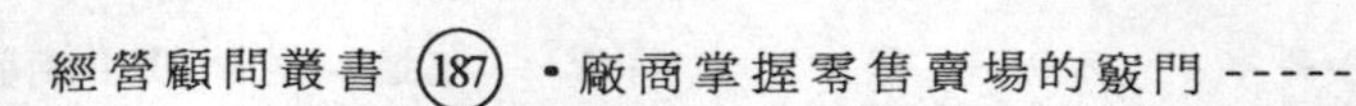

無法滿足鋪貨率進一步提升的要求時，就有必要考慮要求終端增加資源配置的問題了，必要的時候還可以重新規劃經銷區域，或者加強對其他終端的開發，以彌補現有終端鋪貨能力的不足。

二、深度分銷

深度分銷是快速消費品管道管理中經常使用的一個概念。對於已經具有一定規模的企業來說，深度分銷是提高銷售量，保證業績持續穩定增長的重要工作內容。對生產商來說，當然希望目標消費者在有需求的時候都能夠方便購得本企業所提供的產品。因此，其對於一些次要管道，都會在一定的時候銷售這些企業的產品，這樣可以使產品的銷售最大化，零售覆蓋最大化。

大規模的企業通常面臨以下難題。

⑴經銷商之間相互沖貨、壓價。

⑵經銷商只願意向一些銷售量大、風險小、運輸成本低的零售商銷售企業產品，市場還存在大量的空白區域或者薄弱區域。

⑶銷售進一步增長困難。

⑷企業經營的進一步發展受經銷商制約。

⑸對次要零售商管理不力或者根本無法進行有效管理。

爲適應這些形勢，深度分銷開始成爲管道管理的重要內容。因此，深度分銷可以這樣定義：供應商自己的銷售組織直接滲透到銷售管道的各個環節，管道管理的內容不僅僅管理到經銷商，還管理到二級批發商、零售商經營本企業產品的行爲及結果。

深度分銷是爲了使供應商的產品達到銷售或零售最大化的目的而存在。具體而言，深度分銷有以下好處。

⑴有效提高鋪貨率。提升鋪貨率對於增加銷售和進一步挖掘市場潛力至關重要，也是經銷商銷售管理的核心內容。高的市場佔有率必然伴隨著高的鋪貨率。經銷商和生產企業的矛盾經常存在於經銷商管理的各個環節，經銷商往往不願意對一些次要零售商管道鋪貨，擔心應收賬款風險、規模不經濟、配送和市場開拓難度大。但是，對於生產企業來說，爲了滿足消費者能方便地購買。必須能夠保證在消費者有需求的時候可以很容易地買到。因此，凡是能夠滿足這種需求的零售商都應該成爲鋪貨的目標對象。而深度分銷的好處就在於：供應商的銷售隊伍直接與這一類店鋪進行接觸，針對二級、三級批發商以及零售商進行銷售陳述，協助開發新的零售客戶並取得有效訂單，要求經銷商及其下級批發商送貨、鋪貨，將鋪貨率提高到理想的水準。

⑵增強對管道以及市場的控制力。企業通過深度分銷可以有效地控制經銷商下一級或者下兩級客戶(當然包括零售商)的銷售行爲。這樣，一方面企業的經營不會受到經銷商運營情況的影響；另一方面，由於市場控制在企業手中，可以使企業所採用的管道策略和運作模式的效果達到最大化。

⑶在處理管道衝突中佔據主動。管道衝突在銷售環節無時

無刻不存在，包括相互殺價、沖貨等行爲。企業的深度分銷加強了對零售商和二級、三級批發商的管理和控制，市場訊息掌握及時，處理問題主動。因此，加強對區域市場的管理監控以及價格控制時解決衝突的有效手段就是實行深度分銷。將市場區域詳細劃分給基層銷售人員，能夠對市場實行整體控制。

(4)提升零售表現。零售表現是指產品在零售商處的陳列位置、品種數量、促銷執行、營業員的推薦率等多個方面。深度分銷能夠直接管理到零售商，因此可以有效提升零售店的產品表現。

由此可見，深度分銷不僅可以有效提升鋪貨率，還有很多其他用途，是提升銷售業績的有力武器。所以，也就可以從深度分銷的層面剖析鋪貨執行的效果。

三、拜訪頻率

在經銷商的鋪貨管理中，僅僅將產品放到貨架上還遠遠不夠，那樣對銷售的影響也很有限。正確的做法是：通過零售人員的拜訪，取得好的陳列位置，並採用先進先出的原則擺貨，同時加強對輔助宣傳品的使用。這樣才能盡可能多地影響消費者購買。在對經銷商管理的過程中，對於經銷區域的關鍵零售客戶。無論是製造商還是經銷商的客戶服務人員，一般都會維持比較高的拜訪頻率，對於存貨控制、商品流轉週期、安全庫存原則等主要的技巧都能夠有效地掌握和使用。但是，除了這些客戶以外，還存在二級、三級批發商和其他零售商，事實上，對這些客戶也必須有適當的拜訪頻率，這樣既能夠有效防止缺貨，又能夠避免不合理的退貨。還能減少與客戶發生矛盾。因此，對鋪貨執行效果的評估還要看企業銷售人員對終端的拜訪頻率。

8 鋪貨最容易犯的問題

鋪貨是企業終端戰略的排頭兵，但在實際操作中由於很多企業對鋪貨缺乏深入的瞭解和科學的認識，結果要麼是鋪貨目標過大，達不到預期效果；要麼是鋪貨缺乏有效定位，鋪出的貨卻銷不出去；要麼是企業盲目追求鋪貨率和銷貨量，而貨款回收成了鏡中花、水中月等情況。爲什麼會出現這些問題呢？原因在於企業在鋪貨中犯了錯誤。總結起來，企業在鋪貨中最容易犯的錯誤有以下幾方面。

一、沒有明確而科學的鋪貨目標

1.目標不切合實際

(1)沒有做有效的市場調研與預測。制定鋪貨目標不能靠個人主觀臆斷做出決策，它需要建立在分析市場機會及企業優勢的基礎上，市場調研和市場預測是目標制定的前提和基礎。有很多企業寧願花費大量的人力、財力、物力開展鋪貨工作，卻很少願意抽出部分資金在鋪貨之前對目標市場、鋪貨對象等狀況進行必要的瞭解和分析，結果鋪貨目標的制定失去了決策基礎，又造成了資金的浪費。一家很有實力的傢俱企業進入市場時，企業沒有進行市場調研，認爲自己產品的品質非常好，一定會獲得市場和消費者的認可，於是制定出了在兩個月內打入市場的目標。可等到真正鋪貨時才發現，企業生產的傢俱風格和市場上的流行風格相差太遠，經銷商和終端零售商都不願鋪貨，兩個月後，這家企業匆匆撤出市場。目標市場選擇的錯誤導致了市場進入的失敗，這是企業鋪貨前期缺乏市場調研和預測的必然結果。

⑵自不量力，盲目做大。有些企業盲目地認爲目標越大越好，甚至宣稱在一個月內將產品鋪到全國市場，而企業自身實力、人員配備和資源狀況等因素根本達不到那個條件。例如，某飲料企業制定了一個月內鋪開華中市場的目標，可操作中鋪貨人員根本不夠用，僅有的幾個人奔命似地在市場上穿梭。其中李某在一個月內就跑完了全省市場，爲了保證任務的完成，他全是蜻蜓點水似的，把貨物鋪上就馬上轉移陣地，著手其他地方的鋪貨工作，純粹爲了完成任務而鋪貨，只講數量而不講品質。雖然兩個月後，企業勉強完成了鋪貨任務，但由於工作不扎實，致使整個市場很不穩定。結果在競爭品牌的圍攻下，該飲料市場迅速陷入困境。這種爲了鋪貨而鋪貨的做法給企業帶來了巨大的損失，當然也失去了企業開闢市場的真正意義。

2.鋪貨目標層次混亂

目標也是有主次的，先鋪那個市場，後鋪那個市場，是先鋪市區的市場，還是先鋪周邊市場，都應該有明確的規定。如某建材企業在開發 A 市場時，先是以何市爲龍頭，然後通過市場的影響力迅速輻射周邊城市，接著又帶動了全省各市區的發

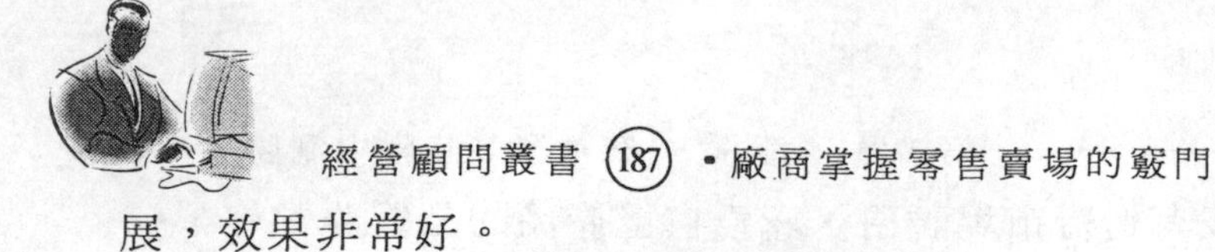

展，效果非常好。

很多企業往往因爲鋪貨目標主次不明、缺少條理性而導致鋪貨效果不好，甚至失敗。

例如，一家乳製品企業在制定鋪貨目標時就忽略了這個問題，他們花大量費用，於5月份同時進入農村地區市場，市場範圍大，需要的鋪貨人員多，各種成本花費也很高，儘管把產品鋪向了市場，可農村市場終端很分散，需要投入大量人力，而農村乳製品的需求量較小，很多鋪貨人員無功而返。由於農村的投入過大，牽制了蘭州市場的鋪貨，導致了整個市場鋪貨的失敗。

二、鋪貨計畫缺乏可行性

1.鋪貨計畫過於籠統

很多企業的鋪貨計畫不具體，只是籠統寫著「2006年3～4月，將貨物全部鋪到A市場」,「要在3個月內，將貨物鋪到全國大部分市場」、「力求在2個月內打開地區市場」,……那麼其中的「大部分」、「部分」到底是個什麼概念，又如何衡量呢？一個月的時間，每天具體該幹什麼？鋪貨對像是什麼？重點是零售店、超市，還是經銷商、批發商？衡量貨物全部鋪到市場的標準是什麼？應該採用何種方法？這些問題沒有明確答案，就是鋪貨計畫過於籠統。計畫是工作順利進行的基礎，計畫失敗直接導致實際執行時錯誤百出。計畫完不成，後期產品推廣、促銷策略等根本無法正常地操作。

2.鋪貨計畫無法實施

有些企業制定計劃時根本沒有經過調研，憑藉自我想像制定鋪貨計畫，沒有充分考慮到鋪貨時會遇到的各種問題和困難，如經銷商合作積極性不高、競爭對手製造市場進入壁壘、產品在鋪貨初期遭到消費者的投訴等，這些情況使得計畫無法正常實施。如東北一家化妝品生產企業本來計畫進入某區域市場，可由於前期競爭對手的產品已經佔領了主要市場，而且競爭對手在得知這個情況後，將其價格進行了調整，使產品進入市場的利潤空間大大壓縮，面對競爭對手設置的障礙，這家化妝品生產企業只好放棄鋪貨計畫。

三、鋪貨人員選擇、使用不當

1.對鋪貨人員的重要性缺乏認識

有些企業認為鋪貨是一種簡單的推銷過程，鋪貨是一種悠閒的工作，只要在市場上轉轉就可以了。所以，選擇鋪貨人員時，根本沒有考慮其必備的素質，只是隨便從社會上招收一些人員，或是從單位中隨便找幾個「能人」，分給他們不同的市場，讓他們自己去招聘自己的人員，使得鋪貨人員的素質參差不齊，鋪貨品質難以保證。

2.鋪貨人員自身素質太低

⑴自身素質太低。鋪貨人員代表著企業的形象和產品的形象。鋪貨人員自身素質低下，不僅會影響產品形象，而且還影響整個品牌的形象。如某品牌剛開發出一個新產品，一個鋪貨

人員在說服老客戶商場鋪這種新產品時，隨手拿起身邊的電話打了起來，這時該商場負責人走進來問：「你是誰？」當瞭解到是企業的鋪貨人員，斷然拒絕了其鋪貨的要求，而且原來已經在商場內鋪開的產品，也全被趕出了商場。由此可見，鋪貨人員素質的高低對交易能否成功起著重要的作用。

⑵產品相關專業知識貧乏。鋪貨人員說服終端鋪自己的產品，必須對自己的產品瞭若指掌，能熟練地向終端介紹產品的性能、功能、特點及鋪貨的得益。而很多鋪貨人員對自己的產品瞭解不夠，甚至不知道產品的構成。一個對自家產品一無所知或知之甚少的人，怎麼能說服別人鋪自己的產品呢？一鋪貨人員負責向 K 市場鋪化妝品，其中在化妝品的包裝上有「本品富含植物精華」的字樣，零售商就問什麼是植物精華，鋪貨人員支支吾吾，半天也沒說出個所以然，其當然不能說服終端鋪自己的產品。

3.缺乏市場開拓經驗與能力

在鋪貨過程中，遭遇客戶拒絕是常事。「價格那麼貴，沒法賣」、「我們已經經銷其他同類產品了」等拒絕鋪貨的情況時常發生。作爲一個鋪貨新手，缺乏經驗，很容易產生挫敗感，動搖信心。說服終端鋪貨時，也抓不住終端商與企業合作的利益點，吸引不了終端鋪貨。而一個經驗豐富的鋪貨人員明瞭客戶的真正需求，可以抓住時機，從雙方的利益點出發說服客戶。鋪貨人員缺乏相關經驗和能力，是很多企業產品鋪貨不能到位的重要原因。

例如，何先生從學校畢業就到一個生產鞋的企業從事銷售工作。春夏之交，企業要把涼鞋推向北方市場，他被企業派出鋪貨員。第一次進了一家商場，經理聽說是推銷鞋的，就大手一揮，不耐煩地說：「不要，不要。」他尷尬地退了出來。在以後鋪貨的過程中，他也是只要遇到客戶拒絕，就沒有勇氣繼續堅持下去，當然也不明白雙方合作目的及終端鋪貨的得益。一個月下來，鋪貨工作沒有任何進展，企業產品也錯失了大好的上市時機。

4.鋪貨人員之間配合不默契

鋪貨人員一般由 5 種專職人員構成，他們是兩名風格各異的行銷專業人士（一位主講、一位次推）、一名促銷人員（負責張貼廣告、搬卸貨物）、一名經銷商所派人員（負責點貨收款、收欠單，有時可負責主講和次推）、一名熟悉區域道路、技術純熟、心理沉穩的司機。如果這幾種角色相互之間配合不好，其在零售終端的鋪貨結果是不言而喻的。

四、不能很好地把握鋪貨時機

產品入市，時機選擇非常重要。企業是先促銷後鋪貨、先鋪貨後促銷，還是二者同時進行，時效的把握一定要准，而很多企業在實際操作中往往錯失了大好良機。

1.鋪貨與廣告、促銷等宣傳推廣活動脫節

⑴廣告宣傳活動已經進行了很久，產品卻沒有及時鋪向市場，消費者在市場上找不到該產品。例如，王女士在報紙上看到一則去痘香皂的廣告，廣告很煽情，也很精彩，正爲臉上痘

痘發愁的她心中大爲高興。於是，王女士馬上就到附近的超市去購買，可是找遍了整個洗滌化妝品銷售區都沒有找到，營業員說這種產品還沒有到貨。沒辦法，王女士又到其他大型購物中心尋找，還是沒有買到。她只是得到了這樣的回答：「您再等幾天，聽說貨馬上就到。」王女士大失所望，最後只得買了別的產品。這種鋪貨與廣告宣傳的脫節，不僅造成了推廣費用的浪費，而且也挫傷了終端鋪貨的積極性。

⑵產品已鋪向市場，可各種宣傳促銷活動卻遲遲不見蹤影。有的企業，由於宣傳力度跟不上，鋪了一半的貨，由於終端拉力和消費者拉力不足。貨物擺在貨架上無人問津，使得終端對此產品銷售產生了懷疑，不願再銷，要求退貨，許多企業在鋪貨過程中存在這種問題。

2.季節選擇不合理

一些季節性比較強的產品，應注重鋪貨季節的選擇，充分考慮產品的淡旺季問題。如白酒在銷售旺季，競爭非常激烈，新產品進入的壁壘相應也很高，不容易鋪貨，成本也很大。而選擇淡季進行鋪貨就不同了，淡季白酒的銷量少，競爭不激烈，市場進入壁壘較低，企業投入鋪貨的費用也少，淡季鋪貨還可以爲旺季到來做充分的準備。

例如，某品牌的白酒在進入某一市場時，選擇了銷售的淡季——夏季鋪貨，這時，很多白酒企業都處於休整狀態，廣告投入力度減小，進入酒店和終端的費用也降低了，企業就是利用這個時機，使自己的產品悄無聲息地擺在了各零售店和酒店的貨架上，當冬季來臨之際，又投入大量的廣告費用，一舉獲

得了成功。

五、缺乏監控力度

1.鋪貨人員表格填寫、回收工作沒做好

⑴鋪貨人員在被派出去的同時，企業要求填寫「鋪貨一覽表」、「客戶調查表」及「市場調查表」等表格。通過填寫表格，企業對鋪貨人員的工作情況進行監督控制，還可以從中及時瞭解終端動態，建立客戶檔案。爲以後建立客情關係打下良好的基礎。而很多企業恰恰忽略了這一點，表格發下去了，卻缺少相應的方法及政策進行規範。有的鋪貨人員認真填寫了，企業根本就不回收，更談不上整理分析。即使回收了，也被閒置在角落裏，無人問津，企業根本就不瞭解鋪貨工作的進展，當然也談不上監控。

⑵鋪貨行爲不能得到有效監督。不同市場存在不同的情況，有些市場區域內的消費者觀念比較新，易於接受新產品，而有的市場區域內的消費者傳統觀念比較濃，不易接受新產品；有的經銷商和企業合作良好，可有的經銷商根本不願與企業合作。有些企業單純以鋪貨量、鋪貨率的大小或高低作爲衡量鋪貨人員工作完成好壞的標準。鋪貨人員爲了增加鋪貨量或鋪貨率採用各種不正當手法，如賄賂終端銷售商暫時同意鋪貨，等業績評估期一過，鋪貨終端向企業退貨，還有虛報鋪貨業績、製造假報表等，其不負責任的行爲給企業造成了極大的損失。

2.沒有及時制止終端的短期行為

⑴很多企業在鋪貨時把促銷費用、促銷贈品放心大膽地交給經銷商或終端零售商，但這些費用和贈品有時由於企業監控不力而喪失了鋪貨激勵的作用，甚至起到相反的作用。例如，一生產白酒的企業爲了加快白酒鋪貨速度，在隨機挑選的數百個酒盒內各放一枚金戒指，並以此向目標消費者大力宣傳。但過了一段時間，消費者根本就沒有「喝」出金戒指。企業經調查發現，經銷商早已通過先進儀器的探測取走了酒盒內的金戒指。這種短期行爲在部分經銷商身上時常發生，企業資源被浪費，也沒起到很好的促進終端鋪貨的目的。

⑵竄貨擾亂市場。竄貨是管道管理的頑症，如果企業的監控乏力，就會促使這種頑症氾濫成災，擾亂辛辛苦苦培養起來的市場，給企業造成很大的損失。例如，某食品企業爲了促使產品迅速鋪向市場，抵制競爭對手，對某地經銷商實行進貨獎勵。在一周內，凡進貨 20 件以上者，每 5 件贈送 1 件。20 件以下者，每 6 件送 1 件，經銷商紛紛進貨。而爲了增加進貨量，就將手中的貨物低價拋向市場，引起了市場混亂，而此食品企業又缺乏相應的監督機制。任其發展蔓延，最終被競爭對手擠出該市場。

六、後期服務不到位

1.貨物供應不及時

在鋪貨過程中，常會出現貨物供應不及時的情況。鋪貨前，鋪貨人員承諾一旦鋪上的貨物售完，保證及時送貨。但是，爲了降低風險，開始的鋪貨量一般非常少，鋪貨對象先前鋪上的貨物一旦售完，就會向企業要貨。而此時企業正忙於其他市場的鋪貨，人員或運輸工具不到位，致使貨物無法及時的送到。終端的貨架上沒貨，終端銷售商由於無貨轉而經銷其他產品。給消費者造成斷貨的印象。這樣就使好不容易開發的市場因貨物供應不及時而丟失。

2.企業不能兌現承諾

爲了把貨物順利地擺到經銷商及終端的貨架上，很多廠家不惜口頭承諾。諸如「品質達一流水準，包退、包換」、「終身免修」等產品保證。不管能否兌現，先把貨物鋪上再說。而很多企業根本就沒有實力和能力去兌現，最終失去經銷商和終端的信任。

例如，一家電企業爲了前期鋪貨的順利進行，向經銷商和終端承諾，「免費三包」服務。鋪貨時，部分產品在運輸過程中出了問題，可企業由於資金不夠，根本就沒有設立專門的服務部門，因而無法保證「三包」承諾的兌現。

3.鋪貨人員與企業的其他部門協調不好

如果鋪貨人員和企業內部的其他部門溝通出現問題，就會影響鋪貨的正常進行，從而影響產品的銷售。

例如，一家洗衣粉生產企業，其鋪貨人員在打開某地市場時，向經銷商承諾一旦鋪上貨，銷出去，企業給 5%返利，立即兌現。可經銷商在向企業要求現金返利時，財務處卻不承認，拒不付款，致使承諾無法兌現。嚴重地打擊了經銷商和終端零

售商的積極性。

七、減小鋪貨阻力八大策略

1.鋪貨獎勵策略

要減小鋪貨阻力，在實踐中用得最多的就是鋪貨獎勵政策。在產品入市階段，企業協同經銷商主動出擊，並根據情況給予通路成員一定的鋪貨獎勵，從而拉動二批商和零售商進貨。

如果按獎勵方式來進行分類，鋪貨獎勵有很多種，比如定額獎勵、進貨獎勵、開戶獎勵、鋪貨風險金、促銷品支援、免費產品和現金補貼等。

2.避實就虛策略

面對鋪貨阻力，企業可以採取避實就虛的策略，另闢蹊徑，往往也能大大提高鋪貨速度。比如，可以在鋪貨管道上避開競爭，注意被大家所忽視的管道盲點，挖掘新的終端網點，開闢新的銷售管道。這樣既能避開同類品牌的競爭，又能減小鋪貨的阻力，提高產品進入市場的速度。比如可采公司眼貼膜在終端鋪貨選擇上，採取的就是迂回戰術和遞進策略。可采避開商場終端，改走藥房終端，無疑是一種創新手法。這樣減少了進場費、專櫃費用的高額投入，鋪貨成本頗低，大大減少了前期投入，更重要的是，避開了競爭風險，產品不會淹沒在商場琳琅滿目的化妝品裏。

可采在鋪貨上採取逐步遞進策略，上市初期，可采僅在各大藥房銷售，待品牌知名度上升，有了一定的銷量基礎後，再逐步滲透到商場超市或專業超市。

面對鋪貨阻力，企業也可以在選擇鋪貨的時機上避開競爭。多數產品的銷售都有淡旺季之分，當大多數企業選擇旺季鋪貨時，你就可以反其道而行之，選擇淡季鋪貨，從而避開旺季激烈的競爭。

對於剛入市的新品牌，如果與競爭品「真刀真槍」地硬拼，也很有可能碰得「頭破血流」。而淡季競爭相對較弱，各競爭品牌都在養精蓄銳，在廣告、促銷等方面都沒有大的動作，產品進入市場的阻力相對較小。淡季進入市場，也爲旺季熱銷作了鋪墊。如果在旺季到來時才開始鋪貨，待鋪貨完成時已進入了淡季，就會錯過旺銷的黃金時期。

針對夏天是白酒銷售淡季的現狀，勁酒反其道而行之，抓住淡季各個競爭對手都在休養生息的好時機，取得了 B 級店、C 級店鋪貨率達 70%的鋪貨成果，爲旺季上量打好了基礎。

等到冬季銷量上來以後，競爭對手才反應過來，可是爲時已晚。勁酒已經有了自己的消費群，品牌已經在終端和消費者中建立了自己的形象，競爭對手想動搖勁酒的地位已非易事。

3.樣板效應策略

企業也可以採取樣板效應策略，選擇重點進行突破，以點帶線，以線帶面。先啓動並做好一部分零售終端，充分發揮其示範效應，樹立起其他零售終端對產品旺銷的信心，達到以點的啓動來拉動面的鋪貨的目的。

某化妝品公司在鋪貨的過程中，採取建立樣板店的方式來減小鋪貨阻力。在每一片區內，按 10 比 1 的比例，篩選一批地理位置好，營業額相對較大的社區零售店，通過提供適當鋪底、上齊所有產品、包裝店面、製作招牌、設置燈箱和「××產品指定經銷店」銅牌等手段進行重點扶持，建立樣板店，其銷售情況良好。經過一段時間後，其他零售店都主動找上門來要求經銷該產品。

掌握「終端領袖」其實也是一種有效的樣板效應策略。「終端領袖」是指那些規模較大、經營時間較長、對其他通路成員有影響力的零售商，「終端領袖」是其他零售商效仿的主要對象。產品進入市場時，可借助「終端領袖」在流通領域的威望和影響力來降低鋪貨阻力，這就叫「擒賊先擒王」。

華帝公司曾經每進入一個市場，就先找到當地具有影響的商場家電部經理，和他搞好關係，委託他召集各大商場的家電部經理，開一個小型的產品展示會，商議統一上櫃時間。通過這種利用「終端領袖」鋪貨的方式，華帝當時在全國 5000 多家大中商場設有專櫃或專廳，其效果有目共睹。

對於中小企業來說，還可以通過建立「樣板市場」的模式，化被動爲主動，以減小鋪貨阻力。中小企業可以尋找較易突破的一塊區域市場，集中營銷資源，集中優勢兵力，從人力、物力、資金等方面全面配合，建立「樣板市場」，促使該局部區域市場進入良性循環，營造暢銷的銷售氣氛。然後再利用該「樣板市場」的輻射效應和示範效應來影響其他區域市場，激發其他區域市場的經銷商的信心，讓經銷商們看到這個產品的誘人前景，這樣企業就成功地營造了有利態勢，吸引其他區域市場的經銷商找上門來。

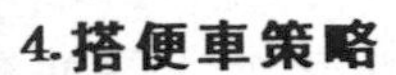

4.搭便車策略

爲了減少新產品上市的鋪貨阻力，企業可以採取搭便車的策略，通過暢銷產品來帶動新產品的鋪貨。把新產品和暢銷產品捆綁在一起銷售，利用原有暢銷產品的通路來「帶貨銷售」，如此就可以降低新產品的鋪貨阻力，使新產品快速抵達零售終端，從而儘快與消費者見面。

5.啟動消費者策略

鋪貨時如果鋪貨阻力太大，我們也可以考慮先從啓動消費者入手，繞開排斥新產品的管道中間環節，直接在終端消費者身上下工夫，激發消費者的購買熱情。消費者如果指名購買該產品，鋪貨的阻力也就會大大減少。

6.製造暢銷假像策略

企業派專人充當顧客去各零售店打聽自己的產品，並表示購買，問得次數多了，零售商就對這產品有了印象，感覺這產品應該好賣，這時行銷員再去鋪貨就不難了。甚至有的企業乾脆就把產品買回來，如此造成產品暢銷的假像，以減小鋪貨阻力。

7.適量鋪底策略

對於中小企業來說，在無法大規模投入廣告來拉動終端銷售的情況下，要想現款鋪貨是很難的，如果硬要求現款鋪貨，反而會導致銷售成本更高。在這種情況下，可以通過採取適量鋪底的方式來減小鋪貨阻力，達到較高的鋪貨率。企業提供給經銷商或零售商的鋪底貨款暫不收回，待其賣完後第二次進貨時，才要求現金交易。但鋪底數量必須嚴格限制，同時配合必要的推廣活動，使零售終端儘快產生銷售，快速進入良性循環。

8.贈送鋪貨策略

當產品屬於那種價格不高、容易實現購買的快速消費品，以及只要產品上了貨架就會有較好自然銷量的產品，比如瓜子、飲料和調味品等，這類產品就可以採用贈送鋪貨的策略。

太子奶進入市場時，就沒有花費大力氣去現款鋪貨，而是組織人員直接向全市所有的小型零售店贈送一件太子奶，並以此作爲條件在終端宣傳上佔據了十分有利的位置。幾乎是一夜之間，太子奶就擺上了所有的小型終端零售店。不久，各零售店的產品就銷售一空，公司隨即就進行現款補貨。

這種贈送鋪貨策略不失爲一種快速啓動市場的鋪貨策略。考慮到現款鋪貨需要很高的銷售成本，有時對於快速消費品而言，與其花費大力氣去現款鋪貨，還不如把現款鋪貨的高昂成本轉化爲給零售商的實惠。

八、鋪貨注意事項

1.處理好「網點數量」和「網點品質」的關係

儘管鋪貨率非常重要，但也要注意處理好「網點數量」與「網點品質」的關係。如盲目過分地追求鋪貨率，那麼就會加大銷售成本。既造成資源浪費，又影響了 A、B 類重點終端的集中投資力度。

什麼樣的產品進什麼樣的店，要根據產品的檔次、性質來選擇合適的零售終端鋪貨，而不必強求「全面開花」。

除把鋪貨率作為重要考核指標外，各網點的出貨率也應是一個重要的考核指標。在鋪貨時，採取「抓大放小」的策略，即抓住銷量大的網點，把主要資源投放其中，而把小的網點則放在次要位置。這樣，提高了鋪貨率，也提高了出貨率，兩者同步增長。在鋪貨網點的開發上，不但要重視網點的數量，還要重視網點的品質。

2.處理好「前期鋪貨」與「後期管理」的關係

許多企業只一味強調「前期鋪貨」，而不重視鋪貨的「後期管理」，以為把產品鋪出去就萬事大吉了。實際上鋪貨並不等於產品就賣出去了，只有能將產品及時賣給消費者並形成良性循環的售點才是有效的鋪貨網點。企業不但要重視前期鋪貨，更要重視後期管理。

鋪貨率不等於上櫃率。產品雖送到了終端，有時卻在貨架上找不到產品，零售商將產品存放在倉庫裏，或是放在貨架下面看不見的地方，這只是實現了倉庫轉移，沒有達到應有的效果。在強調鋪貨數量的同時，還要抓好鋪貨跟蹤服務，緊抓產品上櫃率，並且要儘量搶佔貨架的最佳陳列位置。

日常理貨同鋪貨一樣重要。由於零售店內每類產品都有多個企業的產品，零售商很難關照到每一個產品，因而需要我們主動出擊。業務員在定點定時的日常理貨和拜訪過程中，應加強產品的理貨工作。而當前業務員的通病是將產品放在店裏打了欠條就走，如果店主將產品整箱放在倉庫或角落裏，消費者就根本看不到產品，也就無法實現銷售。

3.處理好「鋪貨量」與「實銷量」的關係

產品離開企業，售出之前屬於「鋪貨」，售出之後叫「實銷」。

在產品投放市場的起始階段，加大「鋪貨量」，可以推動「實銷量」的增長，「鋪貨量」的增長部分與「實銷量」的增長部分是同步的，此時「鋪貨量」的邊際效應遞增；市場逐漸飽和時，「鋪貨量」增長的那一部分，對「實銷量」的影響越來越小，此時「鋪貨量」的邊際效應遞減。「鋪貨量」邊際效應的變化表明加大「鋪貨量」並不一定能增大「實銷量」。因此必須根據「鋪貨量」邊際效應的變化，科學安排鋪貨的數量。因鋪貨滯後、量少而影響實銷固然令人遺憾，但問題不難解決，重要的是要克服「鋪貨量」的負效應。

4.處理好「鋪貨與廣告、促銷」的關係

廣告與鋪貨是企業終端工作中必須面對的兩個問題。都說鋪貨要與廣告宣傳相配合，但很多企業在實際操作時卻猶豫不決，不知道如何安排鋪貨和廣告投入的先後順序。

1)鋪貨在前廣告在後的利與弊

⑴利有以下兩點：

①廣告投入風險較小。如果先進行鋪貨，即使鋪貨不能順利進行，也不會導致廣告浪費。

②相對減少廣告投入。鋪貨到位後再展開廣告攻勢，把錢用在刀刃上，使看到廣告的消費者很方便地買到廣告中的產品，能促成即時購買，可以相對減少廣告的投入，或者減少廣告投入的流失，節省廣告費。

⑵弊有以下三點：

①難以開發有實力的經銷商。在企業沒有投入廣告或廣告投入沒有真正到位前，有實力的經銷商一般不願意做市場開發。因此，此舉很難獲得實力較強的經銷商支持。

②鋪貨阻力大。沒有廣告支持，鋪貨阻力大，鋪貨時間拉得很長，難以進行大規模的地毯式鋪貨，導致產品很難集中規模推廣，同時還會出現疲態，消磨掉行銷人員和經銷商的信心。而且，鋪貨時間拉得太長，鋪貨成本也高。

③容易做成市場「夾生飯」，在鋪貨率上去後，如廣告支援跟不上，就會導致產品滯銷，使剛上貨架的產品成了疲軟產品，最終導致零售終端因產品滯銷而退貨。而且，零售商一旦對產品產生「不好賣」的印象，就會失去信心，在很長一段時間內拒銷該產品，形成市場「夾生飯」。

九、廠商進入超級終端的策略

1.超級終端不同於一般零售終端

超級終端與傳統管道有巨大的差異，進入超級終端的最大風險是帶著傳統管道的思路運作超級終端，導致進入的策略失誤，進入後的運作方法失誤。因此，中小企業必須制定有別於傳統管道的「超級終端策略」。這個策略必須建立在對超級終端經營策略的瞭解和認識的基礎上。

(1)超級終端從廠家要獲得很高的價格折扣

大多數超級終端的經營策略是「賺廠家的錢而不賺消費者的錢」，通過低價格獲取超額銷售量，然後從廠家獲得很高的價

格折扣。

即使大企業和特大型企業進入超級終端，儘管銷售量不小，廠家從超級終端銷售中的獲利卻不豐。爲什麼眾多廠家還趨之若騖呢？主要是廠家通過超級終端的銷售達到了兩個目的：一是分攤了企業費用，獲得了邊際利潤；二是擴大了影響力，爲其他管道的銷售提供了支援。

⑵超級終端經營費用基本轉嫁到生產企業

進入超級終端先要交數額不菲的「進場費」，僅此一項就嚇走了一大批企業；單品上架還要交「上架費」，那些對自己的產品銷售沒有信心的企業也會望而卻步；超級終端的「全球慶」、「店慶」通常都要開展規模宏大的促銷活動，廠家也要拿錢予以支持；產品集中陳列要交「集中陳列費」；佔領好的貨架要交「TG 費」；做堆頭要交「堆頭費」；做海報要交「DM 費」；產品報損有時要無條件退貨。上述費用加上價格折扣，少則佔價格的 30%，多則佔價格的 60%。

⑶大多數超級終端每月都實行「末位淘汰」

大多數超級終端每月都會對同類商品的銷售情況進行排隊，並依照銷售額實行「末位淘汰」。產品被淘汰後，前期所交的各項費用通常不退。產品再次上架還得重新交費。

⑷產品進場的談判通常由超級終端方主導

他們不僅很專業，有時還很有一股「霸氣」，即使是大企業與超級終端的談判，也不得不順著對方的要求和思路走。

有鑑於此，產品進超級終端時在策略上必須注意三點：一是盡可能由廠家直接進入，不經過其他中間環節。當然，如果產品的品種比較少、銷量不大，生產廠家直接進店不經濟，也可由經銷商「捆綁」幾個廠家的產品同時進入；二是由企業派相對「專業」的談判人員與超級終端談判，而不是由當地業務員主導談判；三是考慮到進場時高額的費用和進入後高額的運作費，在談判報價時，要在出廠價的基礎上再適當加價。

2.超級終端運作技巧

由於進入超級終端的前期費用很高，而且還有被「末位淘汰」的可能，因此，產品進場後必須想方設法擴大銷量，必須徹底改變傳統管道粗放運作的經營方式，只有精細化運作才能最終達到進入超級終端的目的。

進入超級終端，生產廠家必須直接介入超級終端的運作。生產廠家在超級終端銷售現場所能做的工作包括三大項。

⑴理貨

進入超級終端後，理貨是一項基本要求。廠家通常要聘請專職理貨員，有導購員的情況下，導購員同時兼做理貨員。理貨員的工作職能包括：維護客情關係、整理陳列商品、及時補貨、調換不合格商品、記錄商品銷售情況、瞭解競爭品資訊、佈置現場廣告等。

⑵導購

中小企業的產品進入超級終端後，對導購的需要比大企業更迫切。導購就是幫助引導消費者購物，導購的特點是在銷售現場「用嘴巴做廣告」。導購員用嘴巴做的廣告與媒體廣告相比，更有針對性、更詳細生動、更有感情色彩。中小企業產品在超級終端的銷售有兩個關鍵點：一靠產品包裝「無聲的推

銷」；二靠導購員「有聲的推銷」。

(3)促銷

廠家在超級終端的促銷有「特價」、「捆綁」、「品嘗」、「贈送」等多種方式。如果要使促銷發揮更好的效果，就必須做「TG台」、做「堆頭」。據某食品企業統計，產品做堆頭後的銷量至少是普通貨架的3倍。

超級終端的消費者對促銷非常敏感。甚至有一部分專買促銷商品的消費群體。一些在超級終端運作效果較好的廠家的經驗是：促銷要「長年不斷，花樣不斷翻新」。促銷要花費用，費用從那裏來？進入超級終端的費用本來就較高，促銷更是一筆不小的開銷。大多數企業的策略是「高價高促銷」，即在定價時先把價格加上去，然後通過促銷又把實際價格降下來。「高價格」給消費者的感覺是「高品質」，「高促銷」給消費者的感覺是「佔便宜」。消費者從心態上並不願意購買低價產品，而是願意購買「實惠」的產品，「高價高促銷」策略正好滿足了消費者的這種心理需要。

超級終端時代正在到來，超級終端正在引發行銷領域一場變革。中小企業應主動參與這場變革，超級終端對中小企業就是不可多得的機會；逃避或拒絕超級終端，它就會成爲中小企業生存的威脅。

3.爭取結款優先支持

交納一定促銷費用的商品在獲得優勢位置後，供應商就要及閘店採購進行結款優先的談判，以保證商品和貨款的正常周轉。當供應商給予門店很多特價商品的時候，供應商就可以要

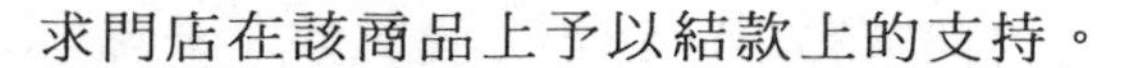

求門店在該商品上予以結款上的支持。

4.多種供貨價格策略

⑴在瞭解到門店的費用水準後，可變更對門店的報價資料。

⑵供應商要有現金結款價格、賬期價格、代銷價格等，根據門店所需要費用選擇供貨價格。

⑶門店採購會在費用與商品進價上做一個選擇，是短期利益還是長期的利益。這樣對供應商就會相對平衡一些。

5.退換貨或殘損商品

連鎖門店由於門面多，陳列總量大，尤其是配送中心的方式，因而產生的殘損商品較多。

廠商的對策是供應商可向終端店說明退換貨的金額或者期限，例如，保質期 6 個月的商品必須提前 1 個月退貨，以便處理，否則不予退貨，這樣的「君子協議」就會避免日後的糾紛；不願退貨的供應商可以給予門店多少比例的殘損率，以補貼門店的損失。

6.確定各店配送比例

問題：連鎖配送模式的門店由於是總部配送，往往會有配送期過長或者配送量不適合的現象發生。例如：在該連鎖集團中，配送中心對於銷售好的 A 門店的配送少，銷售不好的 B 門店配送多，就會造成 A 門店無貨賣，B 門店賣不完的現象。

對策：瞭解各個門店的銷售情況，與採購協商各個門店的配送比例，並督促商品及時上架銷售。

經過以上步驟後，供應商就可以安心地將商品送入零售店鋪，但這並不意味著可以高枕無憂了，而是雙方的合作剛剛開始。供應商要積極及閘店的採購和店面銷售人員聯繫，瞭解銷售情況和經營情況，適時做出選擇，分清「火中送炭」和「見死不救」的情況，不要有眼看門店就要倒閉，還將商品向門店輸送的情況發生。這樣，供應商就會得到其應有的發展。

十、產品進場費的應對實戰策略

1.進場費收取的類型

(1)推拒入場型

因為你的產品沒有名氣，他已有很多產品，無意銷售。總之是他不想要，以入場費作為門檻想擋住你。

(2)順手牽羊型

你的產品他有一定興趣，但是可進可不進，順手加入入門費這個條件。其實，它也是可收可不收的。

(3)邯鄲學步型

他還沒有收過入場費，學別人的樣子，但心中對收多少、如何收並沒有底。

(4)店大欺客型

他的生意很好，是眾多品牌爭搶的賣場，所以他待價而估，收取費用。

(5)騙人錢財型

他關門在即，利用各種手段騙取錢財。

2.區分承擔費用分類

⑴必須支付的費用

進店費、店慶費和傭金，企業必須支付，只是有多有少而已。

⑵可以選擇的費用

新品費、物損費、堆頭費、DM 費、開業贊助費、促銷費等都是可選項，根據自己的情況選擇，新入市的品牌需要開拓市場，需要投入一定的市場拓展費用。

通常情況下，上堆頭的商品必做 DM 的促銷刊物，而 DM 刊上的商品並不一定上堆頭。因爲通常情況下，一家 5000 平方米左右的賣場開業的 DM 刊物會有 200 多種促銷單品，而賣場內，不會有這麼多的堆頭。超市會要求供應商結合自己商品的性質和談判情況合理安排。新品牌盡力爭取上堆頭，最次也應上端架。堆頭的位置最好是商品所在區域的主通道上。

3.進場費的應對策略

⑴捆綁進入終端分攤費用

1)通過有實力的經銷商捆綁進場

大賣場對新供應商一般都要收取開戶費，比如家樂福的開戶費爲 8 萬元，華聯連鎖爲 15 萬元。因爲開戶費是按戶頭來收的，你進一個品種要收這麼多錢，進 10 個品種也是收這麼多錢。所以，對於供應商來說，進場的品種越多則攤到每個品種的開戶費就越少。

對於有些中小企業，如果是自己直接進場，面對高昂的開戶費就很不划算，這時就可以找一個已經在大賣場開了戶的經銷商來「捆綁」進場，這樣就至少可以免掉開戶費，有的還可以免掉節慶費、店慶費和返點等固定費用。對於經銷商來說，他也很願意，畢竟又多了一個產品來分擔各種費用。

2)選擇合適的經銷商做超級終端

適合做超級終端的經銷商是具有一定資金實力、手中經營數個暢銷品牌、與超市有良好客情關係、能順利結款和有較強供貨能力的經銷商。

中小企業不應該把超市經營權交給僅僅在傳統管道有優勢的經銷商。因爲傳統管道的經銷商手中往往沒有幾個暢銷品牌，其與大賣場的談判和廠家與大賣場的談判情況會差不多，並不能對談判起多大的作用，進場費用大部分還是要廠家來承擔。

⑵選擇連鎖超市做經銷商

在進入超市有困難時，如果考慮將連鎖超市提升爲經銷商，供應商往往不用交高額的進場費和終端其他費用。因爲供應商給其享受各種優惠政策，包括最優惠的價格、最大的促銷支持等。連鎖超市做該區域的經銷商後，會用心去經營該產品，優先推廣該產品，迅速將產品輻射到各分店所在的區域，這樣就實現了供應商和連鎖超市的「雙贏」。

⑶通過廠商聯合捆綁進場

尋找多個廠家或同其他供應商聯合進場，或通過加入當地的工商聯合會進場。這樣既可減少進場費用，又可減少進場的阻力。如酒類廠家可以和當地零售協會、酒類專賣局成立相關聯盟組織，解決酒類廠家與超市的衝突，維護供應商的利益。

(4)以 OEM 為超市定做產品

現在大賣場的影響力越來越大，消費者相信大賣場銷售的產品都是有一定品質保證的產品，如餐巾紙、毛巾和清洗劑這類同質化很高的產品，部分大賣場委託廠家生產，然後貼上自己的品牌進行銷售。

對中小企業來說，成爲大賣場 OEM 定點生產廠家，既不要承擔獨立創立品牌的風險，又可以穩賺加工費，是一種穩妥可行的經營模式。

有些大型生產廠家也成爲大賣場 OEM 定點生產廠家，除了自身有強勢品牌外，還替大賣場貼牌生產，從而佔領更大的市場佔有率，充分地利用了過剩的生產能力。

(5)掌握進場費用談判策略

1)用產品抵進場費

供應商在和超市談判進場費時，要儘量採取用產品抵進場費的方法。對供應商來說，不僅變相降低了進場費用(產品有毛利)，而且也減少了現金的支出。

2)用終端支援來減免進場費

供應商和超市談判，可以提出用終端支援來減免進場費用。常見的供應商宣傳支持有：買斷超市戶外看板或場內廣告位；也可以爲超市製作相關的設施和設備，如製作店招、營業員服裝、貨架、顧客存包櫃和顧客休息桌椅等，這些物品可印上供應商的廣告。

3)儘量支付能直接帶來銷量增長的費用

首先要區分清楚那些是能直接帶來銷量增長的費用，那些

是不能直接帶來銷量增長的費用。

能直接帶來銷量增長的費用：堆頭費、DM 費、促銷費和售點廣告發佈費等。

不能直接帶來銷量增長的費用：進場費、節慶費、店慶費、開業贊助費、物損費和條碼費等。

不能直接帶來銷量增長的費用，幾乎不會產生什麼效果。對供應商來說，買更多的堆頭陳列、買更多售點廣告位、安排進入更多促銷員導購員和開展特價促銷，都能帶來明顯的銷售增長。

所以，供應商在談判時，儘量支付能直接帶來銷量增長的費用，減少支付不能直接帶來銷量增長的費用。

(6)利用關係資源做好公關

供應商可以採用公關策略，以獲得進場費的最大優惠。超市採購產品時雖然對產品有業績考核指標，但產品能否進廠還是和供應商的客情關係有一定的關係。所以，廠家應整合客情關係資源，與超市採購人員多交流溝通，比如舉辦一些聯誼活動，培養與採購之間的感情。建立了良好的客情關係後，採購在收取供應商的進場費等各項費用方面往往會調低一些。供應商還可以採用「曲線公關」策略，利用和超市採購熟悉的老同事、朋友和熟人關係來牽線，或者通過對衛生、工商、稅務、質檢等部門進行公關，由其出面，跟超市打個招呼，對供應商特別關照一下，產品進入超市就順暢很多。當然「曲線公關」策略一般只在二三級城市的超市才有用武之地。

9 經典案例：康師傅鋪貨制勝

康師傅 PET 新品上市是快速消費品市場比較成功的一個關於鋪貨獎勵策略的案例。

康師傅 PET 新品正式上市，爲了成功鋪貨，康師傅主要採取了以下兩方面的措施。

一、大力宣傳，積極配合終端鋪貨

1.電視廣告

康師傅從 1999 年 4 月份就推出「不愛檸檬只愛它」的主題廣告，以省台和市台同時投播的方式，爭取覆蓋最大面積。投播第一階段主要以新包裝 TP 檸檬茶爲主要溝通對象，5 月中旬以後片尾加上 PET 檸檬茶的特寫鏡頭及相應的廣告語，並持續投播至 8 月中旬。

消費品尤其是飲品系列，屬隨機性購買產品，且品牌忠誠度沒有其他產品那麼強，所以在推出電視廣告之前，康師傅就利用強大的銷售網路，組織助理業務代表組成小分隊，通過集中鋪貨的方式來提升零售店的鋪貨率，並使康師傅清涼飲品系列鋪貨率達 75%以上。在此市場基礎之上推出電視廣告，就會使看到廣告的消費者很方便地購買到廣告中宣傳的產品，而這小小的細節，卻是許多企業在投入昂貴的廣告費時常常忽略的問題。

2.宣傳品

1999年4月康師傅推出檸檬茶、酸梅湯的4K海報、吊旗、橫幅。用於張貼、懸掛於各零售點及批發市場攤床，並在張貼時採用標準化的張貼位置，有很強的視覺衝擊力，從而提升了企業的品牌形象。此外爲配合「清涼一夏只愛它」商場促銷活動，另製作相關主題DM、海報、吊牌、書簽，增加促銷效果。

3.電臺

爲配合「清涼一夏只愛它」商場促銷活動，在所轄區域各音樂台投放「清涼一夏只愛它」活動主題RD廣播稿。

4.車體廣告

爲彌補部分地區電視廣告投放的不足，用公車車體廣告進行補充。

二、大力開拓終端管道，制定坎級促銷策略

1.經銷商

由於康師傅瓶裝清涼飲品系列（檸檬茶、酸梅湯）上市時間相對較晚，在行銷資源有限的情況下，單純依照企業自身的力量將產品推向市場，其時效性會不顯著，且風險性較大，因此決定實行由企業讓利，利用經銷商的資金及庫存將產品推向市場的方式進行促銷活動，具體採取了如下措施。

⑴活動前奏──組織經銷商聯誼會。此活動屬於心理攻堅活動，名義是總結第一季度各經銷商銷售業績，按銷售業績頒獎，實際上是通過聯誼會進行新產品發佈活動，鼓舞士氣。於是，在康師傅的精心佈置下，頒獎活動現場出現了新產品的堆箱造型、連續播放的 TVC 廣告、大螢幕上不斷滾動的新產品特性說明。在北京區銷售協理極具鼓動性的演說詞中，一幅幅藍圖在向經銷商描述，各經銷商的進貨積極性被極大地激發起來了，甚至有性急的經銷商要在與會現場簽單。

⑵階段性快速行銷策略──坎級促銷。坎級促銷存在風險。飲品相對應於其他商品，屬毛利率較低的產品，加之其消費群是非忠誠消費群，所以流暢的銷售管道、相對穩定的市場價格對產品本身的銷售十分有利，各廠商也以穩定市場價盤為進行各項活動的前提，而坎級促銷，活動的前提就是將經銷商分成三六九等，按其銷售業績給予其每箱不同的利潤。這樣，銷貨能力強、資金雄厚的客戶為了獲取高額的讓利，必然利用進貨價格差，自行定出一個自己認為合適的出貨價格進行銷售，這樣一來，市場價格必然亂了，而價格的不統一就會使零售商接貨方產生一種懷疑的態度，對企業的價格、銷售策略存有疑慮，而這種疑惑和觀望態度對企業的市場推進活動是極其不利的。

任何事情有弊必有利，坎級促銷策略也一樣。從另一個角度來講，坎級促銷有無窮的潛能可以發揮，那就是利用經銷商對利潤追逐的心理，借助經銷商龐大的銷售網路，快速地將產品推廣至終端消費者。不管是對企業還是對經銷商來說，推出新品即意味著新的盈利點的出現。在產品生命週期中，這是風險與利益並存的階段，所以從經商的基本之道——追逐利潤這點來看，經銷商在執行坎級促銷時，爲賺取最大利益，有可能就會嚴格按照生產企業規定的經銷商出貨政策(價格)來推廣，而只要有這個可能。康師傅就有可能通過坎級促銷這個切入點，充分利用統一布建好的市場和斷貨的契機，將康師傅瓶裝清涼飲品系列(檸檬茶、酸梅湯)推向市場。5 月底已差不多進入飲品銷售的旺季，在市場先機已喪失的情況下，康師傅要想成功鋪貨，一舉佔領目標市場，就必須通過坎級促銷。

坎級促銷的第一階段：1999 年 5 月 20 日～6 月 30 日，其坎級分別爲 300 箱、500 箱、1000 箱，依坎級不同獎勵爲 0.7 元/箱、1 元/箱及 1.5 元/箱。該階段考慮到坎級自身必有的劣勢，所以將坎級設定較低，但獎勵幅度較大，主要是考慮到新品知名度的提升會走由城區向外埠擴散的形式，在上市初期應廣泛照顧到小客戶的利益，而小客戶多分佈在城區。

坎級促銷的第二階段：1999 年 7 月 1 日～7 月 31 日，其坎級分別爲 1000 箱、2000 箱、3000 箱，依坎級不同獎勵爲 1 元/箱、1.5 元/箱及 2 元/箱。此階段新品已在城區得到良好回應，並輻射到外埠，應提高坎級，照顧中型客戶的利益，但對小客戶來說，卻需要投入大部分精力，或者放棄其他品牌的銷售專做康師傅才能順利得到想要的返利。在推出第二階段時，因爲市場需求急劇擴大和 PET 裝的熱銷，康師傅和統一都出現斷貨的情況，但因爲康師傅華北區的生產線在天津，統一的生產線在昆山，相比較來說，康師傅的生產能力比統一強很多，且運輸線路短，佔據了地利的優勢；但在企業斷貨之時，某些經銷商卻有大量的囤貨，經銷商囤貨和企業斷貨共存的情況下，必然會影響價盤的穩定，所以在推出該階段促銷政策的同時，推出一份各級經銷商出貨價格單。明確告訴經銷商，如違反價格政策，立即停止供貨，這項措施一舉兩得，既穩定了市場的價盤，也消除了各級經銷商對價盤不穩的擔心。

坎級促銷的第三階段──區域銷售競賽：1999 年 9 月 1 日～9 月 31 日，按各區域銷售狀況進行區域銷售競賽，設立入圍資格及獎勵金額，高額獎金的誘惑極大地激發了客戶的積極性。使客戶大量囤貨，最大可能地佔用客戶的庫存及資金；9 月份對飲品來說已接近旺季的尾聲，通過這一活動，在淡季到來之前，利用客戶的囤貨來打淡季仗。銷售競賽的圓滿進行，爲康師傅新品成功鋪貨計畫畫上了精彩的句號。

2.零售點

對於零售點，盡可能地提高鋪貨率，增加產品的曝光度。康師傅實行的具體策略如下。

於 1999 年 5 月 20 日～6 月 30 日針對零售店進行返箱皮折現金活動，每個 PET 500 箱皮可折返現金 2 元。此項舉措爲飲品常見的促銷政策，推出後一周內，市場反應一般，但由於受經銷商的宣傳及市場接受度的不斷提升，零售店對康師傅瓶裝清涼飲品系列(檸檬茶、酸梅湯)的接受度直線上升，到 6 月中旬，康師傅瓶裝系列在零售店鋪貨率達到 70%。於 1999 年 7 月～9 月推出「財神專案」，即規定獎勵的條件，達到獎勵條件的每陳列 2 瓶/包指定產品即送 PET 500 清涼飲品系列一瓶。此項促銷策略一經推出即受到零售店的一致認同,「財神專案」連續執行了3個月,康師傅的鋪貨率得到了極大的提升。

「財神專案」的目的在於增加零售店內產品的陳列面、增加產品的曝光度和鋪貨率。因爲對飲品這類隨機購買類產品,消費者在口渴的情況下會去最近的零售點買飲品,至於購買那種產品,全憑其在零售點所看到的有限的產品中選擇,即使他有打算購買某種產品,如果零售點沒有他想要的產品,他也會迅速地找出替代產品來完成購買行爲,所以方便地使消費者購買到產品或者說提升零售點的鋪貨率對這種隨機購買性產品至關重要,「財神專案」正是在這種概念下出臺的,使生產企業有意識地引導零售店增加產品陳列排面,吸引眼球。

3.批發市場攤床

對於批發市場,爲了擴大聲勢,提升在批發市場中產品的鋪貨率及曝光度,康師傅採取了以下具體措施。

(1)大力開展批發市場造勢活動:選擇當地主要批發市場進行造勢活動,主要是使用鑼鼓隊(舞龍隊)配合橫幅、DM單及現場「幸運轉轉轉」活動製造聲勢。B市因其地理位置的特殊性,在四大批發市場利用TVC廣告播放來代替鑼鼓隊。

(2)批發市場有獎陳列策略:即每個批發市場攤床每陳列15箱 PET 500,陳列期爲一個月,經檢查、抽查合格,即獎勵其PET 500 兩箱。這一舉措也是旨在提升產品在批發市場的鋪貨率,吸引有進貨需求客戶的關注。

4.消費者促銷

對於具體的消費者,則通過消費者促銷活動,提升產品的口味接受度及知名度，擴大消費群。康師傅採取了以下具體措施。

⑴大型商場割箱陳列：在各大型商場進行割箱陳列活動，增加產品曝光度。

⑵「清涼一夏只愛它」商場促銷活動：此促銷活動與其他促銷活動相比，具有兩個優勢：其一爲聲勢浩大，現場活動主題板的長寬達 3m×4m，豎起後高達 4.5m，圖案以海浪、椰樹、檸檬爲主要組成部分。清涼感十足，在眾多的促銷宣傳中十分醒目；加上廣告宣傳品及 RD 廣播，提高了促銷的影響力。其二爲以「康師傅飲品系列請你參加遊戲」的方式進行。現場用探寶遊戲、套圈遊戲來吸引消費者參與到現場活動中，利用聚集的人氣來達到促銷的效果。

康師傅這次鋪貨非常成功，效果十分明顯，無論在銷售量、銷售金額及毛利率上都創飲品系列上市以來的歷史最高紀錄。

第2章

渲染——營造終端銷售氣氛

消費者購買前的決定在不同階段存在不同情況，而終端氣氛在其最終決定購買的一剎那至關重要。終端氣氛營造得好，可以讓消費者對既定購買的品牌毫不猶豫，也可能在瞬間決定購買零概念介入的品牌。

1 渲染——終端銷售氣氛

消費者的需求分為現實需求和潛在需求兩種。無論那種需求轉化爲購買慾望到最終購買，如果沒有外界刺激是不會實現的。要研究如何讓消費者產生購買慾望直至產生購買衝動的外來刺激，首先應研究產品銷售氣氛如何刺激人的感覺。人的感覺主要有視覺、聽覺、觸覺、嗅覺、味覺，終端促銷應該根據自身產品的特點，採用適當的方法刺激消費者的感覺器官，從而激發其購買慾望。要想讓消費者產生購買慾望、實現購買行爲，首先必須讓消費者來到產品銷售現場，由遠及近地刺激消費者的感覺器官，主要是刺激消費者的視覺和聽覺。應根據產品的特性佈置終端形象或音響效果，應主題明確，有特色，給消費者產生強烈的視覺衝擊，如有可能，再配以聽覺衝擊，吸引消費者的注意力，將消費者引導到產品前面。消費者來到產品陳列現場後，再以現場終端的生動化陳列吸引消費者的眼球，如再加以專業的講解，變產品特點爲賣點，再將賣點轉化爲買點，向顧客介紹產品的功能，激發消費者的購買慾望，讓消費者產生購買衝動，最終實現購買，這就是聽覺衝擊的一部分。在講解的同時，讓消費者接觸產品，讓其感覺到產品實實在在的優點；讓消費者感覺到這件商品就是屬於他(她)自己的了，再配以專業人員的講，從聽覺、視覺和觸覺三方面同時刺激消費者，最終實現購買。

一、終端銷售氣氛的三大功能

1.宣揚品牌

品牌應顯示強勢影響力，應有一個完整的視覺形象系統，終端的品牌 V1 視覺管理是營造終端銷售氣氛的基礎。如 TCL 的紅色調，步步高的藍色調，柯達膠捲的紅黃色調等。

2.導購效能

現場的銷售氣氛有助於終端導購有效地引導消費者。目前企業越來越注重導購員的培訓，導購員考試合格才能上崗。優秀導購員營造的現場銷售氣氛能夠大大提升銷售業績。

3.凸顯實力

產品形象是企業最有力的武器。因此，必須儘量創造一個有效的終端產品展示平臺，充分顯示企業的實力。

二、營造終端銷售氣氛的原則

終端銷售氣氛對品牌銷售有十分重要的作用。營造終端氣氛必須因勢利導，其必須遵循高度差異性、高度識別性、高度靈活性和高度統一性的原則。

1.高度差異性

終端的高度差異性主要在於使終端表現與眾不同。差異性可以從視覺色彩、終端結構、產品展示技巧以及導購人員的著裝、談吐、氣質等方面著手。視覺設計既要從屬於大的品牌形象，又不一定僅局限於此。

2.高度識別性

終端氣氛營造除具有高度的差異性外，還必須具有高度的識別性。高度差異性和高度識別性是吸引消費者眼球的基礎。企業做好差異性和識別性，有利於消費者尋找和識別自己所需要的東西。消費者進入終端零售點，如果在 10 米之外甚至更遠的地方就能看到企業的產品展示，成功攔截的概率已經過半。

比如說，消費者在進入賣場之前根本就沒想到要買海爾家電的產品，但當其進入賣場以後。海爾的品牌資訊源源不斷地刺激他。這種來自於品牌終端佈置的刺激，或許會使其購買決定在瞬間發生變化。

再比如，提出「決勝終端」的舒蕾，完全放棄了高端，只做終端，與寶潔抗爭。舒蕾產品使用暗綠色，其品牌代言人形象和廣告語也十分突出。展牌、堆頭、包柱和海報等所有的終端位置它都要佔領，舒蕾形成了獨樹一幟的終端模式，將識別性和差異性做到了極致，因而在市場上迅速站穩腳跟，獲得了良好的發展。

3.高度靈活性

一級、二級城市的終端檔次不一，終端形態也各不相同。有的賣場給企業一個拐角，有的給企業一個孤島，有的只給一個牆面，客觀條件常常不同，因而企業在終端銷售氣氛的營造上必須具有高度的靈活性。應該因地制宜，最大阡度地把產品的特性展現出來。舒蕾就根據不同的終端形態開發出很多種類的 POP，或長或扁，這種高度的靈活性能夠適應終端賣場的各種形態，獲得消費者的關注和青睞。

4.高度統一性

終端銷售氣氛的高度統一性是指與上線傳播緊密配合，達到視覺的統一，資訊的統一。海爾家電「小兄弟」無論在上線的電視還是在終端都會出現，這一形象成爲海爾品牌整合的一個工具。美的曾使用一個可愛的北極熊推廣它的冷氣機產品。這些形象都是普遍展示、廣泛傳播並重覆出現的，長久堅持的影響力便給消費者留下了深刻的印象，使消費者對其產生了深刻的印象。

總之，高度的差異性、高度的識別性、高度的靈活性和高度的統一性是銷售終端企業形象建設的重要法寶。練好這些基本功，不斷夯實基礎，企業的終端戰略就能取得成功。

2 終端渲染行銷

終端銷售無不花費大量的心血在賣場佈置上，它並非「豪華高檔、華美陳列」那麼簡單，而是一系列行銷技術和品牌形象的整合。

終端渲染行銷是被普遍推崇的一種賣場行銷推廣手段。其推廣效果比廣告更直接，更富衝擊力，更容易刺激銷售。同樣，它對企業建立穩固的賣場鏈，鞏固品牌基礎，提升產品銷售額也具有重要意義。終端渲染行銷必須在樹立整體品牌的基礎進行細節梳理，並通過不斷調整的方法，加深消費者的印象，促進銷售。事實證明：終端渲染行銷是無聲的賣場行銷利器，是銷售的第一要件。

一、終端渲染行銷的六要素

1.商品陳列方式

產品的陳列方式是終端渲染最活躍的因素，生動、獨特的陳列方式常常能渲染出強烈的行銷氣氛。比較典型的例子是彩妝半開架自選購物。彩妝產品半開架陳列方式使得賣場內與消費者之間更具互動性和親和力，使消費者能夠以更快、更便捷的方式挑選自己所需的產品。

2.商品陳列架的位置

商品陳列架位置是被許多賣場忽略的問題。許多賣場爲了盡可能多地利用有限的空間，陳列更多的產品，往往忽視消費者購物時的感受，將商品貨架陳列得密密麻麻。結果，使後排貨架上的商品往往少人問津。店面應根據現有營業面積、場地形狀、消費者一般行走規律等狀況，合理設置貨架，使陳列佈局既沒有明顯的視覺死角，又能充分利用貨架面積。

3.貨架空間的分配

貨架空間分配主要是指同類產品不同品牌在一定貨架空間中所佔絕對空間的大小。有些賣場的貨架空間分配缺乏管理觀念，只是簡單地把產品堆放在貨架上，從而直接導致銷量下降。賣場在貨架空間分配上，一定要引入科學的品類管理概念。否則，既浪費貨架品牌分類空間，又造成消費者的視覺混亂。

4.產品包裝資訊

產品的大小、色彩、內容等包裝資訊，是生產企業下功夫充分吸引消費者關注之處。如果賣場對所銷售的主力產品也能精心包裝一下，在擺放方式、專櫃佈置等方面加以配合，則對增強終端渲染效果非常有幫助。

5.賣場環境設計

賣場應根據自身的經營特色、賣場定位、產品種類、消費群層次、區域總體環境等因素，渲染具有自身特色的賣場環境，包括色彩、照明、裝修、貨架(貨櫃)形狀、背景音樂、POP、燈箱、噴畫、招貼等內容。賣場環境會在第一時間內影響消費者的購物情緒，帶給他們愉悅的購物享受，並直接影響他們的購買意願。

6.後臺服務能力

後臺服務能力包括物流管理能力及產品管理能力。物流管理指賣場的進貨能力、運輸能力、送貨能力、服務能力的集成程度，它決定了商品的周轉速度。產品管理能力指賣場對所售商品從售前上架到銷售過程，直至售後服務整個過程的管理、控制能力。

後臺服務能力將有力提升賣場的終端行銷能力，獲得絕對的市場競爭優勢。

二、終端渲染行銷的途徑

終端渲染行銷的目標是吸引消費者對企業和產品的注意力，並最終促成購買行爲。通過終端渲染行銷提升銷量，通常有四種途徑。

1.陳列展示渲染

陳列渲染就是把產品有規律地集中展示給消費者，從而牢牢地吸引他們的注意力。這主要需要考慮四方面的內容，即位置、外觀、價簽、產品的次序和比例。

⑴位置：強調產品要擺放在消費者流量最大、最先見到的位置上。

⑵外觀：貨架及其展示的產品應清潔、乾淨，及時補充新產品，撤換淘汰舊樣品。

⑶價簽：產品應有醒目的價簽，所有陳列產品均要有價格標示，同一產品在不同陳列設備中的價格要一致。

⑷產品次序及比例：主推產品及暢銷新品必須佔所有陳列空間 70%左右。其他品牌則按銷售量比例陳列，但產品必須集中陳列。

2.售點廣告渲染

售點廣告能提高售點的形象，吸引消費者，也能增加產品展示的吸引力，提高產品的可見度。焦點廣告通常設在賣場的附近或者賣場的內部，表現形式以橫幅和燈箱居多。

廣告渲染應考慮三方面的內容，即位置、外觀、選用。

⑴位置：廣告應張貼或擺放在最顯眼的地方，如進口、視平線上，以吸引消費者的注意力。

⑵外觀：廣告代表著企業的形象，因此必須保持乾淨、整潔。

⑶選用：廣告的種類非常多，銷售什麼產品應配什麼廣告。

3.貨架(貨櫃)陳列渲染

通過貨架(貨櫃)上產品的有序陳列達到刺激消費者購買慾望的目的，貨架(貨櫃)陳列渲染往往有價簽、小型 POP 配合。

4.櫥窗展示渲染

櫥窗展示渲染常採取藝術化陳列、展示卡、燈箱或霓虹燈等常用手段，主要目的是樹立品牌形象、提高產品銷售量。陳列要有明確的主題，櫥窗佈置要有創意，要簡潔、高雅。

終端渲染行銷，能有效地影響消費者的購買決定。終端渲染行銷應納入店面的日常管理範疇。終端渲染行銷是一項系統工程，它會隨著店面行銷策略、賣場競爭狀況不斷改變。

追求終端渲染行銷的賣場必須建立一支素質比較穩定的行銷管理隊伍。進行日常終端維護，以保證終端渲染行銷的順利實施。

3 充分利用 POP 廣告營造氣氛

POP 廣告即購買現場廣告，又稱售點廣告，它可以通過音樂、色彩、造型、文字、圖案等手段，向顧客強調產品的特徵和優點，凸顯產品的特質，起到很好的映襯作用。因此，POP 廣告被人們喻爲「第二推銷員」。它一般出現在超市、一般商場、百貨店、攤鋪等零售現場，所以又稱「零售廣告」。在零售店的裏裏外外，一切旨在促進顧客購買的廣告形式，都屬於 POP 廣告的範疇。

有數據顯示，95%以上的消費者在身臨銷售現場時，會忘卻原有記憶形象和特定信號，游離在各種品牌面前。40%的消費者是在現場決定購買商品的。

POP 廣告能營造出良好的售點氣氛。通過刺激消費者的視覺、觸覺、味覺和聽覺，激起他們的購買慾望，商家如能有效地使用 POP 廣告，會使消費者感受到購物的樂趣，並且有效地影響其購買行爲，提高品牌的忠誠度和美譽度，並樹立良好的產品形象和企業形象。

零售現場是消費者與消費品直接會面的主戰場，是商品、顧客、金錢三項要素的接合點，是企業行銷的最終目的地，是銷售的終結場所。處在零售現場的 POP 廣告無疑應擔負起誘導顧客即時購買的重任。

企業的行銷活動從市場分析開始，經過產品開發，分銷管道選擇、價格確定、傳媒廣告等系列環節，最終進入零售店的銷售現場。POP 廣告正是在零售現場，以前面環節的行銷努力爲支撐。進行最終的最直接的展示和提升，達到最終銷售的目的。這好比是燒一壺開水，加上最後一把火，水才會沸騰起來。「這把火」就是 POP 廣告，所以人們也把 POP 廣告稱爲「沸點」廣告。

一、POP 廣告的基本類型

⑴店頭 POP：包括招牌、櫥窗、標誌物等。它常常以商品實物或象徵物傳達零售店的特色。如看板、招牌、站式看板、實物大樣本等。

⑵高垂吊 POP：從天花板垂吊下來的展示，高度適中。如：商品標誌旗、服務承諾語、吉祥物、吊旗等。

⑶地面 POP：店頭、店內地面上放置的 POP 廣告，利用店內有效視覺空間設置的商品陳列台、展示架、立體形象板、商品資料台等。大致與顧客視線水準。如電子顯示器、電動造型 POP 等。

⑷壁面 POP：利用牆壁、玻璃門窗、櫃檯等可應用的立面，粘貼商品海報、招貼傳單等，以美化壁面、商品告知爲主要功能，重視裝飾效果和渲染氣氛。如海報板、告示牌、裝飾等。

⑸陳列架 POP：利用商品貨架的有效空隙，設置小巧的

POP，如：價目卡、商品宣傳冊、精緻傳單、小吉祥物等。近距離閱讀。「強制」顧客接收商品資訊。

(6)指示 POP：箭形標誌是含有引發注意、指示方向、誘導等涵義的視覺傳達要素。如：區隔商品銷售區域的指示牌，還有服務諮詢台、導購圖示等。其以方便顧客購買爲主要目的。

(7)視聽 POP：在店內視野較爲開闊的區域放置電視錄影或大型彩色螢幕。播放商品廣告、店面形象廣告、本店商品介紹等內容，或利用店內廣播系統傳達商品資訊，以動態畫面和聽覺效果吸引顧客的注意力。上述 POP 廣告形式大都是店內 POP，其實店外的 POP 廣告也不可忽視。如門面裝潢、櫥窗、霓虹燈、燈箱、電子顯示器、旗幟、橫幅等，其基本功能在於吸引消費者的注意，促使其進入商店。此外，室外 POP 還能起到建立企業識別標識和強化店面個性特徵的作用。

二、POP 廣告的作用

全方位的 POP 廣告，能爲銷售現場營造出系統完整的立體服務態勢和銷售的最佳環境氣氛，能有效地刺激顧客的潛在購買欲，引發最終購買行爲。

國外許多學者對消費者的購買行爲做了各種各樣的研究，最後得出基本一致的結論：「顧客在銷售現場的購買中，三分之二左右屬非事先計畫的隨機購買，約三分之一爲計劃性購買。」而有效的 POP 廣告，能激發顧客的隨機購買（或稱衝動購買），也能有效地促使計劃性購買的顧客果斷決定，實現即時即地的購買。不管那種購買形態，有效的 POP 廣告都要經過以下三個功效層次的遞進，實現促銷功能。

1.誘客進店

由於在實際購買中有三分之二的消費者是臨時做出購買決策的，很明顯，零售店的銷售與其顧客流量成正比。POP 廣告促銷的第一步就是要引人入店。

一方面，應利用店面 POP 極力展示零售店的自我特色和經營個性。首先應明確告知零售店的經營特徵，如古代店鋪門口垂於竿頭的「幌子」，婚紗照相館門楣上方懸掛的「花轎」，麥當勞速食店門口的「M」標誌等；其次，應利用店面 POP 海報及時告知零售店的個性化服務，如 24 小時營業、平價商店、短缺商品的供給等；最後，店名也應講究創意個性，如某服裝店起名「被遺忘的女人」，令眾多女性推門而入，選購漂亮時裝，以免「被人遺忘」。

另一方面，通過營造濃烈的購物氣氛，引客進店。全方位 POP 廣告的整體組合。再加上清新怡人的店內空氣、輕柔舒緩的背景音樂和冬暖夏涼的適宜溫度，就能增加顧客流量。特別是在節假日來臨之際，富有創意的 POP 廣告更能渲染特定節日的購物氣氛，促進關聯商品的銷售。

2.駐足商品

商品若能產生使顧客駐足詳看的力量，其 POP 廣告就必須緊緊抓住顧客的興趣點。

別出心裁、引人注目的 POP 展示能誘發顧客的興趣。如 AZIZA 化妝品的 POP 展示架成兩翼狀排列，上邊豎板上青春靚麗的少女頭像，充分體現了現代女性的美感和化妝品的獨特功效，令人駐足流連。

另外，現場操作、試用樣品、免費品嘗(食品)等店內活廣告形式，也能極大地激發顧客的興趣，誘發購買行為。

3.最終購買

激發顧客最終購買是 POP 廣告的核心功效。為此，必須抓住顧客的關心點和興奮點。

導致顧客產生購物猶豫的心理原因是他們對所需商品尚存疑慮，有效的 POP 廣告應針對顧客的關心點進行展示和解答。價格是顧客的一大關心點，所以價格標籤應置於醒目位置；商品說明書、精美商品宣傳單等資料應置於取閱方便的 POP 展示架上；對新產品，最好採用口語推薦的廣告形式。說明解釋，誘導購買。有調查顯示，在專售某商品的「特賣場」中，若有專人的口語推薦，可產生 10 倍的銷售力量。

設計富有震撼力的 POP 廣告可誘發顧客的興奮點，促成衝動購買。BILLY 牛仔的壁面 POP 廣告，畫面是一對身著 BILLY 牛仔的瀟灑男女在歡樂地相戲——體魄強健的男子反背起撫媚動人的女友，廣告語為「別讓人偷走您的夢」。許多年輕情侶在此駐足觀望，被溫馨歡愉的氣氛深深陶醉·最終毫不猶豫地掏錢購買。

總而言之，有效的 POP 廣告應具有如此的功效，它無時無刻不在向過往顧客召喚：「就在這裏！就是現在！趕快購買吧！」

三、POP 廣告的設計原則

POP 廣告設計的總體要求是獨特。不論何種形式，都必須新穎獨特，能夠很快地引起顧客的注意，激發他們想瞭解、想購買的慾望。

1.造型簡練、設計醒目

要想在紛繁眾多的商品中引起消費者對某一種或某些商品的注意。必須以簡潔的形式、新穎的格調、和諧的色彩突出自己的形象。

2.重視陳列設計

POP 廣告是商業文化中企業經營環境文化的重要組成部分。因此，POP 廣告的設計要有利於樹立企業形象。加強和渲染購物場所的藝術氣氛。應根據零售店經營商品的特色，如經營檔次、零售店的知名度、各種服務狀況以及顧客的心理特徵與購買習慣，力求設計出最能打動消費者的廣告。

4 鶴立雞群的包裝手法

在商品同質化現象日趨嚴重的今天，企業都希望能夠借助一種方法，讓原本雷同的商品以差異化的形態展現在顧客眼前。無疑，惹眼的包裝設計以其出眾的視覺識別力所形成的感官評判，會幫助企業的產品從眾多的競爭品中脫穎而出，使消費者留意、停留、觀察、讚賞並產生購買行爲，這也是每個商家所追求的最理想化的包裝設計。

現在已進入包裝時代，缺乏包裝品位的產品通常不會獲得消費者的認可。所以，產品包裝也成爲終端銷售氣氛的重要影響因素。

一、包裝功能

包裝具有不少功能，隨著時代的發展，包裝所賦予的功能還會增加。包裝有兩點最基本的功能：一是包裝上所承載的資訊情報，包括文字、色彩、圖形、形態等內容；二是對物品的形態和性質起到保護的作用。這兩種基本功能構成了我們狹義上所理解的包裝的概念。現代一般把包裝的功能歸納爲以下 4 類。

1.保護功能

保護是包裝的主要功能，就是要保護商品，避免商品在流通過程中受到外來的各種物理的、化學的、力學上的損害和影響。

⑴防止振動、擠壓。產品在公路、鐵路、飛機、船舶等運輸過程中會因各種原因產生振動。裝卸、搬運過程中爲提高效益，會將貨物堆積碼放，這時，下面的貨物就要承受上面貨物的重量，這就要求包裝自身有一定的防外力衝擊能力和承重強度。

⑵防水、防潮。一般的防水，主要指產品在搬運途中，不至於被雨水侵襲。此外，空氣的濕度對包裝也會產生相當複雜的影響。北方氣候比較乾燥，冬天，許多家庭都使用加濕器來增加空氣的濕度。這種情況在南方是見不到的，南方空氣潮濕，有許多家庭使用防潮電器。濕度的變化和地域的差異會影響產品的性能，尤其是食品類，較大的濕度會促使商品腐化變質，還會助長蟲害的發生。

⑶防止溫度的冷熱變化。溫度劇烈變化會產生熱脹冷縮，從而造成包裝和產品變形、乾裂、破損。適當的包裝，則可避免由此給產品帶來的損害。

⑷防光照和輻射。許多商品有不適於光照，不適於紫外線、紅外線等放射線直射的特點。比如感光材料、化妝品、藥品、碳酸飲料和啤酒等。啤酒瓶大多採用深色瓶，目的就是爲了減少光照程度，延長保質期。這些在包裝設計時都應考慮到。

⑸防止與空氣、環境的接觸。有些商品，如食品、藥品中

的血漿、液態藥劑等。與空氣接觸會加速產品變質。另外，不潔淨的環境產生出的微生物、細菌，也會使產品品質劣化。所以，這些產品往往採用密閉性好的材料。

⑹防偷盜。外包裝破損，往往會導致產品失竊，所以包裝的安全性也要有所考慮。

2.便利功能

包裝使產品具有了便攜性。以飲料為例，從散裝到玻璃器皿裝，一直發展到如今的 PTT 瓶，更主要的是考慮了消費的「移動性」。另外，瓶裝飲料和紙包飲料之所以在容量上產生差異，也主要是考慮到了消費者的移動性。

⑴製造、生產者的便利性：在搬運、庫存保管過程中包裝尺寸及形狀是否能配合運輸、堆碼的機械設備；包裝工序是否簡單、易操作等。

⑵倉儲運輸中的便利性：主要體現在保管和搬運方便，規格統一的集合包裝簡便易行、移動簡單、裝卸效率高。

⑶代理銷售商的便利：主要體現在搬運、保管容易；識別性強，陳列簡單易行；陳列、展示、宣傳效果好；展示及銷售時開啓、封閉容易。

⑷消費者的便利性：首先體現在使用上的便利性。比如，易開罐的開口方式，既保鮮又方便。還有一些商品有一定的重量，像小家電、組裝飲料等，就要考慮採用可攜式的包裝結構，以便於消費者攜帶。

3.商業功能

包裝的商業功能主要體現在其能夠促進商品的銷售，起到

「無聲推銷員」的作用。現在，像以前那樣的櫃檯銷售方式越來越少，超級自選市場的大量出現，使顧客能夠自由自在地挑選自己滿意的商品。而且，現在零售終端商品碼放都是以類別劃分的，所有同類商品擠在一起，包裝就成了吸引消費者、引導消費者比較重要的工具。

一般來說，包裝的商業性體現在兩方面：一是以獨特、美觀、適用的外形結構來吸引消費者，通常稱其爲結構設計；另一方面是通過圖形、色彩、文字的吸引力和說服力吸引顧客，通常稱其爲圖形設計。進行結構設計時，應考慮到包裝的保護性、使用的便利性以及利用的可能性。進行圖形設計時，要使圖案和色彩相互配合以促進銷售。

總之，一件具有吸引力的包裝應該有這樣一些特徵：有吸引人的形態和色彩，使用方便，保護性好，便於攜帶，從包裝上就能充分瞭解商品內容及使用方法等資訊，瞭解品牌和企業的形象並具有時尚感和文化特徵。

4.心理功能

現代消費者的消費心理已經相當成熟，市場也進入了個性化消費的時代，商品的品質和個性成爲消費者的首選。隨之而來，包裝設計也日趨個性化，更向突出商品品質、品牌形象的方向發展。例如，日本就有一家叫「無印良品」的銷售連鎖店，其行銷的特點是追求一流產品品質，包裝則追求極簡。無論是服裝、日用品，還是食品都能使顧客儘量地看到商品實物，感受到商品本身的品質，在包裝設計和廣告宣傳上也做到極簡，而且風格一致，形成了視覺效果強烈的品牌形象。其許多產品使用了再生材料，也突出了企業的環保意識和負有社會責任感的形象。「無印良品」店在日本及亞太其他地區都受到了消費者，尤其是青年人的喜愛。

現在，有些產品在終端銷售不暢，主要原因就是包裝出現了問題。這些產品的包裝設計基本上只體現了包裝的一兩點作用，根本不能打動消費者的心。

二、常見的包裝設計弊端

顧客總能從琳琅滿目的產品中選擇出自己所喜好的產品，除了產品本身的知名度和滿意度以外，包裝設計也影響著消費者做出購買決定。那麼，是不是兼備了上述包裝的主要作用後，包裝就從此高枕無憂了呢？其實不然，包裝設計中的一些弊端，常常使顧客原本已伸向產品的手又縮了回去，轉而選擇了其他的同類產品。因此，企業必須知道產品包裝的弊端究竟在什麼地方。

產品包裝中，常見如下的設計弊端。

1.包裝沒有凸顯產品的銷售主張

產品通過包裝設計可以滿足消費者的需求及歸屬，如果一個產品的包裝設計缺乏主題，就很容易輸給有主題的競爭品，這時產品的銷售主張受到抑制。例如，消費者在選擇袋裝喜糖時，同樣的價錢他會選擇有喜慶字樣及紅色圖案的品牌，而不會選擇只有一般字樣的品牌。

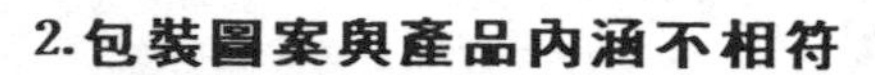

2.包裝圖案與產品內涵不相符

有的企業的包裝設計是由印刷廠承擔的，而印刷廠的設計能力往往參差不齊，一些小印刷廠的設計通常令人大跌眼鏡。如明明設計的是食用話梅的包裝，卻在袋子上印上了花草的圖案，這個時候消費者就會感到莫名其妙，在仔細觀察後通常會因爲質疑產品的檔次而放棄購買。

3.包裝華而不實

一些產品爲了達到差異化的目的，往往習慣走「捷徑」，即不通過產品本身形成差異，而是通過包裝的「豪華路線」形成差異，從而使企業得不償失。如某牌子的禽蛋，包裝搞得像奢侈品，有消費者開玩笑說，這東西買回去都捨不得吃，那盒子也捨不得扔，結果乾脆不買了。還有的消費者認爲，企業出於成本的考慮，產品的品質會因這種豪華的包裝而下降。由此可見，包裝的過度奢華如果缺乏有品質的產品支撐，往往會被當作是噱頭，最終落個華而不實無人喝彩的結果。

4.包裝不符合行為習慣

某個牌子的功能型飲料，其目標消費者是運動量大的人，而其包裝卻是玻璃瓶。這裏就有個問題了，玻璃本身是易碎品，出於保護身體的行爲習慣，玻璃瓶裝的功能型運動飲料顯然很難受到消費者的青睞。再則，一些野外休閒食品在包裝設計時往往忽略了一個問題，就是包裝的重量。很多產品由於重量大或者不便於攜帶，或者包裝容易變形而失去了更多的市場機會，這些都是忽略行爲習慣的結果。

5. 包裝與潮流格格不入

如今的包裝雖然是企業行爲，但卻存在著潮流現象，對環保包裝的悄然流行就不可以等閒視之。環保包裝最直接地反映了企業對消費者的關注程度，這樣的企業容易得到消費者的認同。如直銷的安麗產品，基本都採用環保再生包裝，這樣的包裝不但可以保護生態環境，而且可以在最大程度上保護產品性質不發生改變。

5 經典案例：TCL 冷氣機的獨特渲染術

終端是消費者與品牌資訊接觸最直接、最全面的接觸地。企業要提高銷售品質(如維持價格的堅挺，銷量的增加)，就必須在終端改善品牌與消費者的接觸品質。在改善的過程中，獨特的終端渲染藝術能使接觸品質的提高達到事半功倍的效果。在這一方面，TCL 冷氣機在終端實施的策略值得其他企業借鑑。

一、控制住消費者與品牌的視覺接觸步驟

TCL 冷氣機針對消費者導購過程指引的視覺系統包括 3 個部分。

(1)店鋪入口處或專櫃入口處的視覺處理系統，如地貼、門貼、導引牌、吊旗、條幅、海報、導購員、表演舞臺等指示系統。目的是擴大品牌與消費者的接觸範圍，使消費者在最早的時間內能夠接觸到 TCL 冷氣機的品牌。並且能夠吸引住消費者的眼球，然後又能夠以最短的時間找到 TCL 冷氣機專櫃的所在地。

(2)消費者進入專櫃後導購產品的視覺處理系統，包括展臺、樣機、吊旗、台牌、價格貼、功能貼、條幅、海報、促銷

品等指示系統。其目的是增加品牌與消費者的接觸時間，提高接觸品質，從種類繁多的品牌叢林中脫穎而出，使 TCL 冷氣機的產品成爲視覺中心，將產品的特色形成差異化、生動化，像明星一樣展示出來。這樣可以吸引消費者駐留的時間，達到聚集人氣的效果。

⑶消費者從專櫃到收款台前的視覺處理系統，包括導引牌、地貼、牆貼、空飄等指引系統。目的是讓消費者儘快找到收款台，避免受其他品牌資訊的干擾，提高 TCL 冷氣機的成交率，另外，對其他品牌形成干擾，強化與其他品牌未交款消費者的接觸率。

⑷在終端行銷氣氛渲染策略的實施過程中，企業與終端商家的溝通十分重要。要努力達成共識。TCL 冷氣機認識到，廠商共贏才是雙方的利益點。在具體操作中，其在指示系統中先打出終端商的名字「×商家歡迎你」，然後是「TCL 冷氣機」。

二、控制住消費者與品牌視覺接觸的內容

這一內容主要包括兩部分，即產品主題和促銷主題。

1.產品主題

TCL 冷氣機產品主題部分的視覺系統，包括產品功能演示類、價格指引類、導購指示類等指引系統。

⑴產品主題部分的核心是突出表現產品系列或產品群，一切視覺要素的構成都服從產品系列或產品群的基本屬性及特色。產品主題的視覺表現以整個產品群的功能演示爲主，強調

訴求單一，避免每款產品都使用單獨的功能演示道具，最終被單品稀釋了產品主題，讓消費者眼花繚亂，無所適從。

⑵產品系列或產品群的陳列有主次，有層次，且與產品主題相協調。結合價格指引類，導購指示類視覺系統，將產品群分爲形象機型、利潤機型、特價機型進行組合陳列。形象機型的功能是發揮其形象作用。以其優越突出的特色迎合產品主題，從而帶動其他產品群的銷售，可以將其作爲主推機型，用來與消費者打招呼，吸引消費者的眼球，是引入銷售話題的切入點。陳列時將其靠近展臺的最高端，並給予足夠的空間與光線，在消費者未靠近展臺前就能夠引起注意。利潤機型的功能是在形象機型的掩護下產生銷量與利潤，可以作爲主銷機型，突出產品的性價比優勢。陳列時要將其靠近形象機型，在消費者靠近展臺後視線正好與其平齊，成爲視覺的中心。特價機型的功能是起到抵禦對手的價格壓力的作用，只能限量銷售，通過對經銷商與促銷員的激勵的降低進行控制，作爲阻擊機型出現。陳列時要在展臺的最下端，不能成爲視覺的中心。

⑶設計產品主題時要以左鄰右舍爲參照標準，以田忌賽馬爲原則，建立比較優勢爲目的。首先成爲臨近展區的視覺中心，樣機的陳列與價格的標注要參考左右，在臨近的展區內創造差異，成爲吸引人氣的主題區。讓周圍的品牌成爲 TCL 冷氣機的襯托。

2. 促銷主題

TCL 冷氣機的促銷主題部分的展示系統，包括促銷內容告知類、渲染氣氛類、促銷禮品類等，構成促銷主題的指示系統。

促銷主題的設計掌握了以下幾個要點：

⑴促銷內容告知類內容單一，訴求清晰。

⑵促銷主題與產品主題在展示中進行了區分，避免了促銷主題與產品主題混淆不清，讓消費者難以識別，淡化促銷的刺激力度。

⑶促銷主題的設計結合了產品的主推賣點，能通過簡單的促銷活動將產品賣點推廣開。

⑷促銷主題大力渲染氣氛，通過氣氛的渲染對消費者產生強烈的刺激，增加了消費者的參與性。

⑸促銷主題的禮品類既符合消費者的利益，又結合了產品的特色。禮品在展示區得到了充分的空間，在視覺表現上比較誇張，最重要的是展示了禮品的價值，而不是禮品的實際價格。

⑹促銷主題的設計分區而治，在從門口至展區應設計爲活動告知區，以使消費者重覆接觸，起到指引作用。在產品展區內設計爲促銷活動的演示區，起到聚集人氣的作用。

TCL 通過完善的終端視覺管理體系，營造了濃郁而強烈的終端銷售氣氛，吸引了大批的消費者，是產品的銷量直線上升。

第3章

理貨工作——無形的銷售

零售終端理貨工作，主要指終端零售點的陳列與促銷陳列的理貨工作。成功的理貨，是指能夠刺激消費需求，促進購買，從而提升零售量的一種終端行為。它屬於一種無形的銷售，更屬於一種無形的廣告。

1 零售終端的理貨——提升商品的銷售量

駕車行駛中遇到岔口，沒有指向標將不知道該何去何從。理貨管理就是銷售工作的指向標，良好的理貨管理可以使企業明白銷售工作的重心，指導下一步工作的方向，並且在維護客情關係、整理陳列商品、及時補貨、調換產品、記錄產品銷售情況、瞭解產品資訊、佈置現場、廣告宣傳等方面具有十分重要的作用。例如，某白酒企業做整體行銷策劃方案時，就非常重視對理貨的管理，對理貨員的選擇、業務職責、工作內容、理貨技巧、理貨目標等方面做了詳細的規定，並實施有效的監督。結果取得了良好的效果。企業可從多方面著手組建理貨隊伍。

⑴企業可以與經銷商、終端商合作，做好理貨管理工作，需要三方齊心協力完成。

⑵對自己的銷售人員進行培訓改造，使其成爲理貨專家。需要企業本身投入大量的培訓費用。

⑶對終端的理貨過程進行必要的監督，不斷強化銷售人員及終端服務人員的理貨意識，使商家經營的產品不斷處於最佳可視狀態。

企業建立了優秀的理貨隊伍，就要進行有效的管理。終端

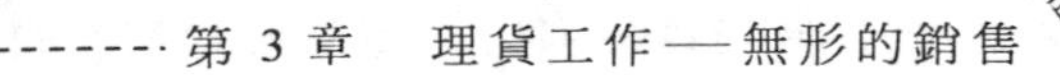

理貨管理主要包括以下兩方面的內容。

一、終端零售點陳列

終端零售點陳列就是在櫃檯和貨架上，集中擺放本企業的產品，最好在全國或全區域內陳列樣式、產品的擺放、價簽、貨托、宣傳單頁、派發形式等達到完美統一。

1.產品擺放

產品擺放能體現貨物陳列的一種美感和藝術性。陳列結構要依據產品外包裝的不同特點，突出它的整體美。佈置上要整潔、美觀，並依據不同地區的氣候特點擺放產品。正常情況下每週清潔產品 3～4 次，保持其良好的形象，給消費者一種自然、和諧的感覺。並盡可能將新進產品放在後面，原來產品放在前面。

2.價簽

使用當地物價局允許的價簽，價格必須統一。價簽要求清晰，價格數字要清楚、正規、正確，禁止數字上的欺詐，不要有汙物。價簽要放置在顯眼的地方，背面緊貼產品，正面直對消費者，利於消費者識別。

3.貨托

把要陳列的產品放置於貨托之上，體現產品的立體美感，使消費者便於清楚、全面、立體地觀賞產品。

4.宣傳單頁

宣傳內容要突出產品的特點，對主要功能要做詳細的介

紹。擺放要整齊。

5.派發

營業人員、促銷人員、服務人員應有禮、有節，要適時、適人地派發宣傳單頁。派發前，最好應得到當地政府主管部門的同意，避免引起麻煩。

二、促銷陳列

促銷陳列是用於臨時性的產品推廣，或節假日的特賣活動所做的產品展示。展示區域應位於人流密集的顯著位置，應備貨充足，並大量使用 POP，渲染氣氛，營造市場。

產品擺放的要求有地點、位置、樣面、POP 等。

1.地點

佔據黃金位置、主陳列區、人流密集區及相關商品區。產品如佔據以上的位置可迅速提升銷售。

2.位置

在相關產品的櫃檯和貨架上，將本企業產品放在購物行程的前沿，或同類產品的前沿。

3.樣面

佔據比較公平的櫃檯空間，將有助於提升銷售量的 20%。樣面要求達到橫向集中、縱向塊狀與利用空間的和諧統一。

以上幾點有利於形象整齊，產生廣告品牌效應，易於發現缺貨，不易被其他產品蠶食陳列空間，其中量感陳列可刺激購買，統一陳列暗示本產品具有穩定的品質與信譽。

4.利用 POP

POP 是產品品牌主題形象的一種表現形式，在促銷現場，POP 可營造促銷環境氣氛，讓消費者在促銷現場感受到企業品牌的形象；POP 同促銷人員現場活動相結合，能形成銷售市場。

POP 包括掛旗（在銷售網站允許的範圍內，盡可能懸掛於明顯之處，有動態）、張貼畫（貼在利於消費者觀看的地方）、標識（在能夠體現企業形象或突出的地點展示企業的標識）、禮品（用於表示對消費者的一種感激之情或誘導之用）、門貼（用於玻璃門內外的張貼）、桌牌（用於產品標識、價格的展示）。

POP 主要佈置在以下場所：

⑴本產品擺在不顯眼的位置的專賣店內。

⑵在有本產品 POP 但已陳舊或無本產品 POP 的賣店內。

⑶在有空牆可供張貼 POP 的賣店內。

POP 的大量張貼和運用可起到造市的作用，可大大提升銷售量。

終端的理貨管理，實質上也是對終端產品進行有效的維護工作，目的就是展示良好的品牌形象，烘托行銷氣氛，借助產品行銷場景，最終促進產品的銷售。它是「無形的促銷員」，更是「無形的廣告」。終端理貨管理屬於終端管理的一個方面，需要經常、主動與規範性地對產品陳列進行管理，與其他終端管理形式配合協調，共同構築一個最佳形象展區。

2 終端理貨的原則

理貨是終端管理的一個重要方面，成功而科學地理貨，能夠刺激消費需求，促進購買，最終提升產品銷量。企業要進行成功的理貨，必須遵循以下原則。

1.最大化原則

產品陳列的目標是佔據較多的陳列空間，所以，在理貨時，理貨人員應盡可能增加貨架上的陳列數量，只有比競爭品牌佔據較多的陳列空間，才會增加消費者購買企業產品的概率。

2.全品項原則

理貨時，要盡可能多地把企業的產品全品項分類陳列在一個貨架或貨櫃上，這樣既可滿足不同消費者的需求，提升銷量，又可強化企業的形象，增強產品的影響力。

3.集中展示原則

除非賣場有特殊規定，企業的理貨員一定要把企業所有規格和品種的產品集中展示，每次去店中，都要把混入企業產品中的其他品牌清除。

4.滿陳列原則

在理貨的過程中，一定要讓自己企業的產品擺滿貨架，做到滿陳列。這樣既可以增加產品展示的飽滿度和可見度，又可

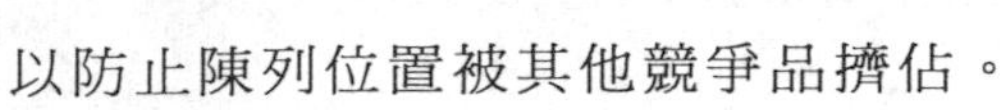

以防止陳列位置被其他競爭品擠佔。

5.垂直集中原則

垂直集中陳列可以吸引消費者的視線，因爲垂直集中陳列，符合人們的習慣視線，而且容易做出生動有效的陳列面。

6.下重上輕原則

理貨要講究科學性，因爲人們的審美習慣一般是上輕下重、上小下大，所以，要將企業產品中重的、大的擺在下面，小的、輕的擺在上面。

7.重點突出原則

在一個堆頭或陳列架上，陳列企業系列產品時，除了全品項和最大化之外，一定要突出主打產品的位置，這樣才能主次分明，讓消費者一目了然。

8.方便性原則

理貨的目的之一就是讓企業的產品更容易到達消費者的手中。所以，要將產品放在讓消費者最方便、最容易拿取的位置，根據主要消費者不同的年齡及身高特點進行有效的陳列。例如，兒童產品就應放在一米以下，老年人產品就不要放得太高或太低。

9.統一性原則

整齊統一給消費者一種規範的感覺，這也是理貨工作的要點之一。所以，理貨人員要將企業的產品標籤統一標注清楚，且將商標正面朝向消費者，以達到整齊劃一、美觀醒目的展示效果。

10.整潔性原則

理貨人員要保證所有陳列產品整齊、清潔。落滿灰塵的產品是沒有人願意購買的，髒亂不堪的產品只會讓消費者遠離。

11.醒目性原則

標示清楚、醒目的價格牌是增加購買的動力之一。這樣既可增加產品陳列的醒目宣傳告示效果，又讓消費者買的明白，可與同類產品的價格進行比較，還可以寫出特價和折扣數字以吸引消費者。如果消費者不瞭解價格，即使很想購買產品，也會猶豫，進而喪失一次銷售機會。

12.動感性原則

在滿陳列的基礎上要有意拿掉貨架最外層陳列的幾個產品。這樣既有利於消費者拿取，又可顯示產品良好的銷售狀況。

13.先進先出性原則

按出廠日期將先出廠的產品擺放在最外一層，最近出廠的產品放在裏面，避免產品滯留過期。專架、堆頭的貨物，至少每兩個星期翻動一次，把先出廠的產品放在外面。

14.最低儲量原則

理貨人員要隨時掌握終端的庫存情況，確保店內庫存產品的品種和規格不低於安全庫存線。

安全庫存數=日平均銷量×補貨所需天數

3 明確每個理貨員的工作職能

理貨員是終端零售店中從事商品整理、清潔、補充、標價、盤點等工作的人員。理貨員的職責是巡視貨場，耐心解答顧客的提問，對所屬貨區商品的保質期心中有數。必須熟悉所負責商品範圍內商品的名稱、規格、用途和保質期，掌握商品標價的知識，正確標好價格，掌握商品終端理貨的原則方法和技巧，正確進行商品陳列，保證商品安全。

理貨員看似工作較簡單、普通，但他們是與消費者接觸最多也是最直接的人，他們的一舉一動、一言一行無不體現著終端的整體服務品質和服務水準，他們素質的好與差，直接影響企業和零售終端的生意和聲譽。

在大大小小的銷售終端，每類產品都有多個品牌，終端商很難關照到每一個產品，因而需要企業派自己的專職理貨員進駐。在有導購員的情況下，有時導購員也可同時兼做理貨員。

從整體上說，理貨員的工作職能主要有整理陳列商品、整理宣傳促銷品、盤點庫存及時補貨、調換不合格商品、記錄商品銷售情況、瞭解商品及競爭資訊、維護客情關係、保持良好的企業形象、佈置現場廣告等。理貨員的主要工作有以下內容。

一、崗位職責

⑴熟悉所在商品部門的商品名稱、規格、用途、性能、保質期限。

⑵遵守零售企業倉庫管理和商品發貨的有關規定，按作業流程進行該項工作。

⑶掌握商品標價的知識，正確標好價格。

⑷熟練掌握商品陳列的有關專業知識，並把它運用到實際工作中。

⑸搞好貨架與責任區的衛生，保持清潔。

⑹隨時對顧客挑選後、貨架剩餘商品進行清理並作好商品補充工作。

⑺事先整理好退貨物品，辦好退貨手續。

⑻保證商品安全。

二、主要工作

1.補貨

⑴補貨時必須檢查商品有無條碼。

⑵檢查價格卡是否正確，包括促銷(DM)商品的價格檢查。

⑶商品與價格卡要一一對應。

⑷補完貨要把卡板送回，空紙皮送到指定的清理點。

⑸新商品須在到貨當 13 上架，所有庫存商品必須標明貨

號、商品名稱及收貨日期。

⑹必須及時補貨，不得出現在有庫存的情況下有空貨架的現象。

⑺補貨要做到先進先出。

⑻檢查庫存商品的包裝是否正確。

⑼補貨作業期間，不能影響通道順暢。

2.理貨

⑴檢查商品有無條碼。

⑵貨物正面面向顧客，整齊靠外邊線碼放。

⑶貨品與價格卡要一一對應。

⑷不補貨時，通道上不能堆放商品。

⑸及時處理破損、拆包貨品。

3.促進銷售，控制損耗

⑴依照公司要求填寫「三級數量賬記錄」，每日定期準確計算庫存量、銷售量、進貨量。

⑵及時回收零星商品。

⑶落實崗位責任，減少損耗。

4.價簽、條碼

⑴按照規範要求列印價格卡和條碼。

⑵價格卡必須放在排面的最左端，缺損的價格卡須即時補上。

⑶剩餘的條碼及價格卡應統一銷毀。

⑷條碼應貼在適當的位置。

5.清潔

⑴通道上無空卡板、無廢紙及打碎的物品殘留物。

⑵貨架上無灰塵，無油污。

⑶樣品乾淨，貨品無灰塵。

6.整庫、庫存、盤點

⑴庫房保持清潔，庫存商品必須有庫存單。

⑵所有庫存要封箱。

⑶庫存商品碼放要規律、清楚、安全。

⑷保證盤點結果的正確。

三、輔助工作

1.服務

⑴耐心、禮貌、熱情地解答顧客詢問。

⑵補貨、理貨時不可影響顧客挑選商品。

⑶及時平息及調解一些顧客糾紛。

⑷制止顧客各種違反店規的行爲，如拆包、進入倉庫等。

⑸對不能解決的問題，及時請求幫助或向主管彙報。

2.器材管理

⑴賣場貨架梯不用時要放在指定位置。

⑵封箱膠、打包帶等物品要放在指定位置。

⑶理貨員隨身攜帶：筆 1 支、刀子 1 把、手套一副、封箱膠帶、便簽若干。

⑷各種貨架的配件要及時收回材料庫，不能放在貨架的底

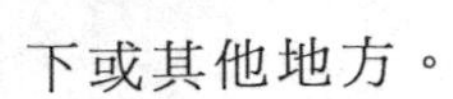

下或其他地方。

3.市場調查

⑴按企業要求、主管安排的時間和內容做市場調查。

⑵市場調查資料要真實、準確、及時，而且要有針對性。

4.填寫工作日志

⑴條理清楚，字跡工整。

⑵每日晚班結束時填寫。

⑶交待未完成的工作任務，早班員工須落實工作日志所列事項。

4 與客戶建立良好的關係

具備了良好的客情關係，才能獲得客戶的支援並爭取創造良好的陳列條件。欲與客戶建立良好的關係，應該與客戶交朋友，用陳列的好處說服客戶接受陳列，努力引起客戶的興趣和注意，尊重他的反對意見，從客戶的角度去考慮問題，用耐心不斷地爭取。

理貨員要搞好客情關係，就必須付出努力。小華剛從學校畢業就進入一家公司從事業務兼理貨工作。她講述了自己的親身經歷。

不要看大小超市的貨架都擺得井井有條，有促銷、最便宜的商品總會被放在最「出跳」的地方，其實這些都是各廠商理貨員的功勞。靠門口的貨架，多層貨架上接近視平線的那幾層、店堂裏位置顯眼的貨架，全都是我們這些人爭搶的目標。企業產品的貨架位置越「黃金」、種類越齊全、擺得越整齊，消費者就越容易「上鉤」。銷量大了店方才會多進貨，才更肯把黃金貨架讓你長期享用。

要達到這個目標，可以給人家講「我們廠的產品市場佔有率大」、「多賣我們廠的產品可以幫你們提升形象」，但首先得讓人家肯聽你的。我第一次進一家小的便利店，走到我們廠的貨架前，左轉轉，右轉轉，旁邊那個面無表情的女店員冷冷地靠在貨架上，可我磨蹭了半天就是不敢開口，心想：「要不要叫她小姐啊？會不會年紀太大了？難道叫她阿姨？要是她不高興了怎麼辦？……」

猶豫了好一會兒，我終於蹭到她面前，用普通話怯怯地說：「你好，我是××廠的。」她轉頭滿懷狐疑地盯著我：「什麼事？」「我，我來看一下我們廠的……」「有什麼好看的！」我還沒說完，她就不耐煩地掉轉頭不理我了。

我的臉一下子紅了，這叫我怎麼辦？我把心一橫，開始喋喋不休：

「你們的貨架不夠整齊，賣的種類不夠多，其實多進一點貨對你們也有好處……」我說得口乾舌燥，她卻連正眼都不瞧我一下，後來索性走開了，把我晾在一邊。周圍幾個女店員都面無表情地看著我，像看一堆垃圾，我當時真感到無地自容。

那天連跑幾家店，都是這種「沒面子」的下場。眼見其他廠家一些 30 多歲的女業務員和店員聊天，聊老公，打得火熱，我卻連碰幾鼻子灰，心裏那個不平衡啊：我好歹也是名牌大學畢業的，憑什麼要受這種窩囊氣？那些小超市我每週都要上門好幾次，時間久了也摸出了點門道：前幾次只是混個臉熟，一般只和那些店員搭幾句「你們工作好辛苦呀」、「小偷多不多」等。那些店員看起來很難纏，其實工作也很無聊的。有個人聽她們訴訴苦有什麼不好。有一次我幫一個店員照顧孩子上學的事，她讚不絕口：「到底是大學生！」接著就把店裏的情況給我來了個大兜底：「你一定要和老王熟，什麼事他拍板就行了……」

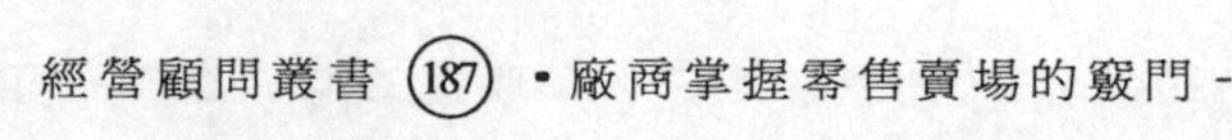

和店員熟了，你才能提要求，人家也才肯幫你。

經過一段時間的適應，小華掌握了搞好客情關係的竅門，自己總結出了一些經驗。

在中小型超市中，營業員工作的隨意性是很強的，他們往往可以把某品牌產品的陳列面變大，甚至可以換到位置較好的地方去。爲了使我們的產品得到這樣的待遇，企業的銷售人員要做的就是經常和他們接觸，經常送一些如口香糖之類的小東西(當然，不能影響到超市的正常工作)，以拉近雙方的距離，讓他們樂於幫忙。此方法屢試不爽。

理貨員在終端工作過程中，應該明確終端店面各崗位人員的工作職責，注重與終端各部及人員建立起良好的客情關係。俗話說：「只要關係到，不怕產品銷不掉」。

理貨員在理貨的時候，要與店面負責人及營業人員禮貌地打個招呼。在條件允許的情況下，和營業員聊聊天，贈送一些小禮品。一旦與他們建立了良好的客情關係，並且設法維護這種關係，那麼在這家賣場就不需要企業費時費力，理貨員做的工作，營業員就會替做，甚至主動地向顧客推薦產品。

對超市的理貨員來說，產品陳列是按照店長的吩咐進行的。而店長的店面擺放標準是根據銷售情況制定的，銷售情況良好的當然有一個好的陳列位置。銷售情況不好的位置自然也不會好。但如果理貨員與超市的店長或主任的關係好的話，理貨員就可以與之進行協調，很輕鬆地將自己的產品放到一個好的陳列位置上。

當然，對於理貨員而言，搞好客情關係並不是說可以放縱客戶不符合要求的行爲，從而對企業造成傷害。

一位知名品牌飲料的業務人員（兼理貨員）去拜訪一家大專院校內的便利店。一進門便發現新投放的用於展賣該品牌飲料的冰櫃內放了數個鮮豔的桃子。此時店主假裝沒有看見他，而這名業務人員也明顯在猶豫是否立即向店主指出。事實上客戶違背了協定，他已經感到有負於廠家，所以故意裝作沒有看見業務人員。此時如果業務人員抓住客戶的這種心態，馬上義正辭嚴地予以指正，客戶很容易接受。但偏偏有很多業務人員因爲競爭激烈、銷售壓力大，或業務技能欠缺等原因，在客戶那裏拿到訂單已經感到幸運，對於銷售以外的一些管理要求就難以啓齒，從而錯過了設備管理的最佳機會。

在上面的案例中，瀆職的業務員客觀上助長了客戶的「霸氣」。久而久之，客戶的負疚感也會隨之消失，在客戶的意念中設備已經變成了他的財產，理應由其任意擺放，那時再想去管理就比較難了。如果理貨人員一見到不符合要求的行爲就指出來，雖然態度是和藹友善的，但是對方卻會有壓力，只要你堅持 3～5 次，店主就會逐步改變。

理貨員做好客情關係主要從下面幾方面進行。

1.與客戶打招呼

進入店內時，理貨員要面帶微笑，合情合理地稱呼店主的名字，以展現自身的親和力，樹立公司的良好形象。與此同時，對店內的其他人員也要以禮相待。

2.不宜直接進入正題

和客戶寒暄時，不要直接就談及訂貨的事情，而是要和店主通過友好的交談以瞭解其生意的狀況，甚至要幫助客戶出出點子，怎樣提高他的經營業績以及如何提高產品在他店內的銷售量。讓客戶感覺到你是在真切地關心他。而不僅僅是出於生意的關係才來拜訪。

3.堅持，再堅持

長此以往地這樣下去，才有助於理貨員和客戶之間形成良性的互動，爲建立堅實的客情關係奠定良好的基礎。

5 經典案例：寶潔的終端理貨管理謀略

寶潔公司——世界日化、洗滌行業巨頭，其成功有目共睹。除了產品品質一流、科研實力強大、管理體系完善、人員素質較高等優勢外，大多數行銷界人士認爲，巨額廣告投入是寶潔成功的關鍵因素。的確，作爲全世界最大的廣告業主，寶潔公司也自認爲這是公司成功的法寶之一。但是，許多外企行銷人士認爲，寶潔廣告制勝並無奧秘可言，只要又資本實力，誰都可以大規模投放廣告。真正令他們欽佩的是「經銷商即辦事處」這一口號，這不是一句普通的口號，它是寶潔公司助銷理念通俗化、形象化的注釋。它意味著寶潔公司的一切市場銷售、管理工作均以經銷商爲中心；一切終端鋪貨、陳列等工作，必須借助經銷商的力量。它更意味著寶潔公司視經銷商爲密切合作夥伴的同時，更視之爲公司的下屬銷售機構，終端市場實際上掌握在寶潔公司手中。

一、組建銷售理貨隊伍(專營小組)

跨國公司開發區域市場一般通過組建兩種隊伍支持經銷商銷售。一種是組建經銷商下屬的專營小組(或品牌小組)，小組人員職責是全面承擔專項產品的訂貨、收款、陳列等事項。根據合作協定，專營小組的工資、獎金、辦公費用、差旅費等，廠商雙方按一定比例分擔。多數情況下，廠方承擔專營小組的獎金，工資由經銷商支付，辦公費、差旅費則從依據銷售額提取的經營費用中開支。總之，廠家的原則是以盡可能少的費用，達到由廠方代表全面管理控制專營小組的目的。寶潔公司專營小組所有人員的工資、獎金、差旅費等經營費用，全由公司承擔，是個極端的例子，費用固然巨大，但保證了廠方代表對專營小組成員百分之百的控制。

另一種形式是組建辦事處理貨隊伍。廠方派駐代表一般通過組建辦事處及理貨隊伍來支持經銷商銷售。辦事處除日常行政文書及與各經銷商協調聯絡外。最重要的職責是管理理貨隊伍。食品、保健品行業廠家一般不設地區總經銷。理貨隊伍的主要職責是協助各區域內的經銷商進行鋪貨、補貨、陳列及 POP 廣告張貼等工作。

組建專營小組或理貨隊伍的意義在於，從基層組織結構和人力資源上保證廠家在助銷理念指導下開發管理市場，確保對零售終端及批發市場的控制。沒有這些真正與終端接觸的一線隊伍，所謂市場控制、擴大覆蓋、精耕細作，均是紙上談兵。

二、通過理貨隊伍支持商家，實現最佳陳列

爲了改善賣場陳列，一方面，寶潔公司要求小組成員通過良好客情關係，免費爭取到產品的最佳陳列位、最多陳列面；

另一方面，寶潔公司有專項陳列費、買位費及進場費提供給各大賣場，以確保在大賣場的最佳陳列。

在經銷商專營小組管理和大賣場陳列費用支持的背後，是寶潔公司各管理部門之間嚴謹的分工合作。寶潔公司八大核心管理部門中，就有銷售部、市場部、市場研究部、人力資源部四個部門與經銷商終端聯絡密切相關。特別是市場部，是公司行銷的靈魂，各種管道推廣方案的制定。各種陳列費、促銷費的分配均由該部門負責。制定經銷商支援、管道獎勵、陳列獎勵等各項政策，是寶潔公司市場部的重要職責。簡單地講，由市場部制定各項市場政策，廠方代表通過全面控制經銷商下屬寶潔產品專營隊伍，高效執行各種銷售方案，以實現最大網路覆蓋、最佳銷售陳列。

第4章

陳列——創造競爭優勢

好的陳列和差的陳列，對銷售額的影響至少相差 1 倍以上，幾乎每個企業都要求行銷人員必須搶佔最好的陳列位，搶佔最佳陳列位成了做好陳列的金科玉律。

一個產品如果陳列不力，就可能使一個本來很有前途的產品萎縮在某個角落蒙灰，給銷售帶來極大影響，還可能使一個本來有 5 年生命週期的產品在一年甚至更短時間內走完生命。

陳列正日益受到廣大企業的重視，廠商為爭取到一個好的陳列位置使盡了渾身解數。

1 終端陳列實戰原則

1.顯而易見原則

在眼球經濟時代，誰的商品能夠抓住消費者的注意力誰就是贏家。商品陳列要讓消費者顯而易見，這是達成銷售的首要條件，讓消費者看清楚商品並引起注意，才能激起其衝動性的購買心理。所以要求商品陳列要醒目，展示面要大，力求生動美觀。

2.最大化陳列原則

商品陳列的目標是佔據較多的陳列空間，盡可能增加貨架上的陳列數量，只有比競爭品牌佔據較多的陳列空間，顧客才會購買你的商品。

3.垂直集中陳列原則

垂直集中陳列不僅可以搶奪消費者的視線，而且容易做出生動化的陳列面，因爲人們視覺的習慣是先上下，後左右，垂直集中陳列符合人們的習慣視線，使商品陳列更有層次、更有氣勢。除非商場有特殊規定，一定要把公司所有規格和品牌的商品集中展示，每次去店中，都要把混入公司陳列中的其他品牌清除。

4.下重上輕原則

將重的、大的商品擺在下面，小的輕的商品擺在上面，便於消費者拿取，也符合人們的審美習慣。

5.全品項原則

盡可能多地把公司的商品全品項分類陳列在一個貨架上，既可滿足不同消費者的需求，增加銷量；又可提升公司形象，加大商品的影響力。

6.滿陳列原則

要讓自己的商品擺滿陳列架，做到滿陳列。這樣既可以增加商品展示的飽滿度和可見度，又能防止陳列位置被競爭品擠佔。

7.陳列動感原則

在滿陳列的基礎上要有意拿掉貨架最外層陳列的幾個產品，這樣既有利於消費者拿取，又可顯示產品良好的銷售狀況。

8.重點突出原則

在一個堆頭或陳列架上，陳列公司系列產品時，除了全品項和最大化之外，一定要突出主打產品的位置，這樣才能主次分明，讓顧客一目了然。

9.伸手可取原則

要將產品放在讓消費者最方便、最容易拿取的地方，根據主要消費者不同的年齡身高特點，進行有效的陳列。兒童產品和成人商品要區別對待，要達到不需彎腰、踮腳，伸手可得的標準。

10.統一性原則

所有陳列在貨架上的公司產品，標籤必須統一將中文商標正面朝向消費者，可達到整齊劃一、美觀醒目的展示效果，商品整體陳列的風格和基調要統一。

11.整潔性原則

保證所有陳列的商品整齊、清潔。如果你是消費者，你一定不會購買髒亂不堪的產品。

12.價格醒目原則

標示清楚、醒目的價格牌，是增加購買的動力之一。既可增加產品陳列的醒目宣傳告示效果，又讓消費者買得明白，可對同類產品進行價格比較，還可以寫出特價和折扣數字以吸引消費者。如果消費者不瞭解價格，即使很想購買產品，也會猶豫。進而喪失一次銷售機會。

13.先進先出原則

按出廠日期將先出廠的產品擺放在最外一層，最近出廠的產品擺放在裏面，避免產品滯留過期。專架、堆頭的貨物，至少每兩個星期要翻動一次，把先出廠的產品放在外面。

14.最低儲量原則

確保店內庫存產品的品種和規格不低於「安全庫存線」。

安全庫存數=日平均銷量×補貨所需天數。

15.堆頭規範原則

堆頭陳列與貨架陳列不同的是：更集中、突出展示某企業的商品。不管是批發市場的堆箱陳列還是超市的堆頭陳列都應該遵循整體、協調、規範的原則。特別是超市堆頭往往是超市最佳的位置，是企業花高代價買下做專項產品陳列的，從堆圍、價格牌、產品擺放到 POP 配置都要符合上述的陳列原則。

16.色彩對比原則

商品陳列雖然很容易做到色彩斑斕，但品種多了就容易給消費者造成一片花花綠綠的視覺，不知所以然。好的陳列要將色彩進行有機的組合，使其相得益彰，不少企業將產品包裝設計組合爲一幅動人的圖畫。

17.利用空間原則

目前超市的堆頭空中面積暫時沒有收費，利用空間進行陳列不僅可以直接提高商品陳列面積，而且可以加強陳列的生動性並能達到最大化原則。

18.生動化陳列原則

爲了強化售點廣告，增加可見度，吸引消費者對產品的注意力，提醒消費者購買本公司商品，就必須體現陳列展售的四要素：位置、外觀(廣告、POP 的配合)、價格牌、產品擺放次序和比例，並根據商品特點及展售地點環境進行創意。

2 終端陳列市場常識

一、爭取最好的陳列點

在便利店、雜貨鋪等傳統小店與在超市中，因一些不同的具體情況，受注意力極佳陳列點也有所不同。

1.傳統小店的最佳陳列位置

⑴櫃檯後面與視線等高的位置；

⑵中靠左的貨架位置；

⑶靠收銀台或磅秤旁的位置；

⑷離老闆最近的位置；

⑸櫃檯上的展示位置；

⑹櫃檯前的陳列架等。

2.超市終端的最佳陳列位置

⑴與目標消費者視線儘量等高的貨架，一般是超市貨架的中間二、三層；

⑵人流量最大的通道，尤其是多人流通道的左邊貨架位置，因爲人有先左視後右視的習慣；

⑶貨架兩端或靠牆貨架的轉角處；

⑷有出入通道的入口處與出口處；

⑸靠近大品牌、名品牌的位置；

⑹改横向陳列爲縱向陳列，因爲人的縱向視野大於横向視野；

⑺正對門，入門可見的地方；

⑻小包裝、快銷產品比如口香糖，要儘量爭取收款台陳列，特別是客流量大的通道、經常開的通道處。

3.要避免差的終端陳列位置

⑴倉庫、廁所入口處；

⑵氣味強烈的商品旁；

⑶黑暗角落；

⑷過高或過低的位置，因爲過高不易拿取，過低不易看到商品；

⑸店門口兩側的死角。

二、產品陳列決策依據

1.消費者的行為習慣特徵

⑴90%的消費者不喜歡走很多路或掉頭購買所需商品；

⑵消費者一般會避免去嘈雜、不清潔或黑暗角落的地方；

⑶消費者不願意俯身、踮腳、挺身等；

⑷消費者視線喜歡平視，不喜歡仰視和俯視；

⑸在超市消費者移動的平均速度是 1 米/秒，人的眼睛看東西如果小於 1/3 秒是不能夠留下印象的。

2.掌握貨架陳列有關常識

1)黃金陳列線的常識

目前普遍使用的陳列架一般高 165～180cm，長 90～120cm，在這種貨架上最佳的陳列段位不是上段，而是處於上段和中段之間的段位，這種段位稱之爲陳列的黃金線。以高度 165cm 的貨架爲例，將商品的陳列段位進行劃分：黃金陳列線的高度一般在 85～120cm 之間，它是貨架的第二、三層，是眼睛最容易看到、手最容易拿到商品的陳列位置，所以是最佳陳列位置。

2)120cm 的分界線

120cm 以上是成人的視線及手臂可及的區域；120cm 以下，則是孩子們的視線及可以觸及的區域。如果你的商品是成年人選擇的，那商品的最佳陳列高度最好不要低於 120cm 以下，兒童商品正好相反。

3)貨架陳列位的選擇

同一種商品在同一賣場，由於貨架的位置不同，會引起銷量的巨大變化。

貨架黃金位：60～160cm，平視可見，伸手可得，出貨率佔 50%；

次位置：160～180cm、30～60cm，出貨率佔 30%；

上下端：180cm 以上、30cm 以下，出貨率佔 15%。

始終堅守產品固定的陳列位，防止競爭對手擠佔。消費者在賣場的行走方向，絕大多數是單向行走，很少人會在一個賣場的一個通道裏來回走動。東方人方向感絕大多數偏右，會對右手的商品更加留意，所以，同一走道，往往是人流方向右邊的貨架要比左邊的好。

4)陳列對銷量的影響

貨架通常有幾個高度：與視線平行、直視可至、伸手可及、齊膝，貨架不同高度對的影響如下。

⑴貨架從伸手可取的高度換到齊膝的高度，銷量會下降15%。

⑵從齊膝的高度換到伸手可及的高度，上升 20%。

⑶從伸手可及的高度上升到直視可見的高度，上升 30%～50%。

⑷從直視可見的高度換到齊膝的高度，下降 30%～60%。

⑸從直視可見的高度換到伸手可及的高度，下降 15%。

3.貨架外陳列的有關常識

1)端架陳列有關常識

⑴一定要陳列促銷的商品規格，並有明顯的促銷資訊標誌，如「特價」、「獎」等。

⑵端架上的產品應保持豐滿，每個端架最多陳列兩個單品，最好是一個單品。

⑶端架上陳列的產品必須是公司的大規格包裝。

⑷在條件允許的情況下，充分利用公司生動化用品。

2)地堆陳列有關常識

⑴陳列位置選擇消費者最常走的路線。

⑵堆箱陳列法：注意墊底的穩固性，可以使用交叉堆法，POP 及產品包裝正面面對消費者，高度適宜，容易拿取。

⑶割箱陳列法：在無固定、特製的堆頭及陳列架情況下，將成箱產品按箱體結商標印刷格式合理切割，一般以正面梯形剖至下腰部，既可使產品充分展示，又可利用箱體進行簡易陳列。

⑷堆箱陳列分類。

島形落地陳列：位於客流主通道中央，可以從四個方向拿到產品，除最下面一外全部割箱且要露出商標。

梯形落地陳列：背靠牆壁，可以從三面拿產品，除最下面一層外，全部割箱，層層縮進。

金字塔陳列：四方形，下大上小，一圈一圈多層陳列。

⑸補充產品時應遵循著由後向前，由上向下的原則。

⑹陳列最好爲一個產品規格，且爲大包裝，堆頭的高度應以方便消費者拿取爲准。

⑺地堆上一定要有明顯的促銷資訊或價格常用標識。

⑻地堆四周一定要有公司的圍幔或貼上 POP。

實際上，銷售人員在進行商超陳列佈置時要受到店方的自身規定、競爭品與本品在該店的銷量基礎及客情等諸多因素的制約，不可能完全按照陳列法則去執行。

3 堆頭陳列實戰特訓

堆頭陳列失敗的例子很多，比如堆頭沒有提供隨手可及的便利，或是有的商品能被拿到但消費者又怕堆頭倒塌，或者堆頭像「亂草堆」，產品被人拿得淩亂不堪，這些都會對銷售產生不利影響。

⑴堆頭陳列要講究美感，而不是隨便在超市擺幾箱貨，隨便做個堆頭這麼簡單。而那些做得出色的堆頭，則堆出了商品的美感，也堆出了品牌形象。

⑵堆頭陳列要照顧各種層次的消費者視線。有的堆頭在超市的中間部位，堆頭四面可以走人，這類堆頭，充分照顧了各種層次的消費者視線，從每一個角度，消費者都可以看到該商品。

⑶堆頭陳列要注重產品與產品之間的相關性。在堆頭上，如果能注重產品與產品之間的相關性，便可加大產品的宣傳面和銷售量。跨區域的堆頭現已被眾企業應用，這種將不同類別的商品以交叉的方式來進行陳列，其目的是使消費者產生聯想，順道購買，以求獲得相乘效果，提高銷售業績。

比如，高露潔牙膏，在賣毛巾的貨架前段設立堆頭，將同屬於一種需求的關聯性產品聯合起來，改變了以往的堆頭只在本區域展示的思路，給消費者提供便利，讓其購物時「順手牽羊」。

⑷除非有促銷指定品項或空間限制，一個堆頭陳列僅陳列一種產品爲佳。

⑸要考慮到消費者拿走其中一件商品時，其餘商品能保持穩固，而不是使消費者擔心堆頭坍塌。

4 貨架爭奪實戰

一、貨架侵略戰

1.極強「侵略」意識

企業的競爭就是市場的競爭，市場的競爭就是終端的競爭，終端的競爭就是貨架的競爭。如果一個企業不在市場的最前沿佔據終端優勢的話，那麼這個企業的銷售失敗通常只是時間問題。所以貨架的競爭，往往也是企業市場生命線的競爭。

貨架的稀缺性，決定了貨架成爲各企業爭奪的焦點。貨架競爭的激烈，註定了對貨架的爭奪要有「侵略」的意識方能制勝。

2.儘早搶佔把握貨架

貨架一旦搶佔過來，其他競爭者就很難進入，也就提高了新競爭者進入的門檻。對後來者而言，要花費更大的投入才能爭奪到貨架。所以對貨架這一稀缺資源的爭奪，應先下手爲強，儘早搶佔貨架的主動權。

3.提供專用陳列貨架

當超市無足夠的商品陳列空間時，企業可利用專用貨架，以爭取陳列存貨空間，該種貨架專用於陳列銷售量大、周轉快的品牌和包裝。

專用貨架可以令產品更加突出，而其設計得好的專用貨架也是一種效果良好的售點廣告，並可提升品牌形象。當然，專用貨架上絕對不允許擺放競爭對手的產品。

4.逐步爭奪陳列貨架

在不驚動競爭對手的條件下，逐步搶佔競爭對手的陳列資源，不求一次到位，但求逐步到位。貿然採取大規模搶佔終端的活動，很容易遭到競爭對手的報復，形成消耗戰。而採取蠶食政策，逐步爭奪陳列位，不失爲一種經濟可行的方法。

5.利用對手薄弱環節

市場競爭日趨激烈的今天，許多市場進攻行動往往都會招致競爭對手的反擊。但競爭對手再警覺，也有疏忽和失誤的時候。企業應時刻注意競爭對手的行動，尋找其薄弱環節，伺機發起市場進攻。競爭對手忽略的市場商機，企業應當提高市場快速反應能力，儘快搶佔先機，如新開張的商店搶先一步買斷黃金貨架。

6.用廣告和促銷助推

廣告和促銷的攻勢有助於提高零售商對搶佔貨架的支持，同時搶佔更大的陳列空間也是對廣告和促銷攻勢的配合。廣告和促銷的攻勢大大地提高了商品的銷售量，也就提高了與零售商談判的籌碼，如企業在零售商的促銷活動排期表是與零售商談判的利器，從而有助於爭取更大的陳列空間。

二、貨架保衛戰

1.不給競爭對手機會

貨架資源的爭奪是一場持久戰，競爭對手同時也在不斷地發動搶佔貨架的攻勢。在這種情況下，只有持續不斷地狠抓理貨工作，不給競爭對手乘虛而入的機會，才可能維持競爭優勢。

2.不要放棄貨架控制

貨架資源的爭奪也是一場拉鋸戰，各競爭品牌不斷投入資源用於貨架的爭奪。貨架作爲實現商品銷售不可缺少的資源，絕對不能輕易丟失貨架的控制權，該投入的就必須要投入。一般來說，用於搶佔貨架的投入基本上是有效的投入。

要有足夠的預算來支援陳列工作的展開。如盡可能爭取好的陳列位及較多的陳列面，給零售商及分銷商以陳列津貼或開展陳列競賽，刺激其做好陳列的熱情。

3.不斷培養客情關係

良好的客情關係，在於合作過程中持續地培育。那種需要對方支援的時候，才去發展客情關係的做法是不可能如願以償的。平時注意與零售商保持良好的客情關係，給予零售商力所能及的支持和幫助，關鍵時候才能獲得零售商的支持。

4.激發零售商積極性

爲激發零售商協助商品陳列的積極性，制定商品陳列考核的標準，零售商、經銷商達到考核標準的，給予陳列獎勵。這樣做的目的是爲了在售點持續保持商品陳列生動化，如果通過給零售商陳列獎勵，比企業自己直接作商品陳列更省錢，不失爲一種好方法。

5.提出自己陳列建議

業務員在每一個零售終端都要合理利用貨架空間，在保持店堂整體陳列協調的前提下，向店員提出自己的陳列建議，並詳細說明其優點和可以給零售店帶來的利益，得到允許後，要立即幫助店員進行貨位調整，用自己認真負責的工作態度和飽滿的工作激情感染對方。如果對方有異議，先把其同意的部分加以調整，沒有完成的目標可以在以後的拜訪中逐步達成。

6.產品暢銷是硬手段

零售商是否同意給予較大的陳列空間，關鍵取決於商品的暢銷程度。商品越暢銷，商家從每一陳列空間賺取的利潤就越大。大部分零售商都不會把很大的貨架空間讓給回轉速度慢的商品。只有商品暢銷，才能取得商家的大力支持，從而更好的保衛貨架空間。

商品暢銷和擴大陳列空間是互相促進的。商品越暢銷，就越容易取得零售商支持，從而爲擴大陳列空間提供幫助。另一方面，擴大陳列空間，也就爲商品進一步暢銷提供了前提條件。

7.嚴格考核陳列工作

只有有了嚴格的考核體系，終端陳列工作才會有章可循，業務員才會有做好終端陳列工作的壓力和動力，如此，終端陳列工作才能始終保持最佳狀態。

5 商超陳列實戰

一、商超陳列正確心態

銷售人員真正想提高自己的商超陳列「武功」，僅靠熟背幾十條陳列法則的死套路遠遠不夠。更要參透陳列法則的深層含義，活學活用。

1.做到隨機應變

所謂商超陳列法則只不過是原則性、掃盲性的基礎知識或者說是「內功心法」，實際運用中商超陳列並不是在一張白紙上作畫，更多的要考慮超市具體情況的限制，運用陳列基礎知識，做到隨機應變，見招拆招，無招勝有招。

2.統一視覺效果

各企業規定的陳列法則不同，實際上陳列法則的意義並不在於法則本身，如到底是「品牌垂直、包裝水準」好還是「包裝垂直、品牌水準」好，其實難有公論，而在於有一個標準，讓消費者在不同的售點能看到統一風格的陳列效果，更容易形成記憶點。

3.佔有最大空間

盡可能陳列更多的產品，佔有更多的陳列空間。能把競爭

品擠出貨架，就能把他擠出市場。

4.不是孤立工作

商超陳列不是一項孤立的工作。要想提高商超陳列效果需要從該超市的投入產品組合設計、價格定位、促銷、陳列費用、售後服務品質、業務拜訪等各項環節上下工夫，單純靠銷售人員拜訪來提高商超陳列效果（尤其是陳列位的爭取），就成了「無源之水」。

商超陳列效果離不開店方的支持，而店方支持你的理由來自以下幾點：

①你投入更多的陳列費用；

②售後服務好，業務人員專業、周到，客情好；

③你的產品在超市銷量大、利潤高；

④你的促銷活動提升超市的「低價格」形象。

5.陳列沒有終止

爭取到最好的陳列位置和空間僅是第一步，陳列效果的維護靠的是業務人員在日常工作中時時、日日、月月、年年的不懈努力。那一個廠家供貨更及時，業務人員拜訪更勤快，店頭陳列工作更扎實，就更能保持自己固有的陳列位，並逐漸搶佔競爭品的陳列位。商超陳列表現一定程度上就是業務人員敬業程度的表現，是一種執行力和耐力的比拼。

6.學會有舍有得

畢竟商超給我們的陳列空間是有限的，增加一個條碼的陳列面勢必會減少另一個條碼的陳列面。所以商超陳列永遠沒有最好，只能爭取更好，依據不同時期不同產品的推廣重點，有舍有得，優先陳列重點推廣的品項，犧牲「次要」品項的陳列面。

二、商超陳列實戰技巧

商超陳列的難度，大多數來自於超市的種種規定。因此，熟知常見的商超自身陳列規定及破解方法就可做到知己知彼、見招拆招、變被動爲主動。

1.順應商超自身陳列規範

背景：各個商超都有自己的陳列風格及有關陳列規範，實際工作中要求各廠家產品的陳列遵守該規範，因而限制著廠家的產品陳列效果，如：按口味、包裝、價格集中陳列導致各廠家產品不能集中擺放，這時就要因地制宜設計該店的陳列方案。

動作：常用技巧如下。

⑴陳列方案的設計。制定超市的本品陳列修改方案時，要先畫出該店炒貨區的陳列圖示：包括貨架寬度、層數、架上競爭品分佈、本品已爭取到的陳列空間、本品的預計具體陳列位置等。

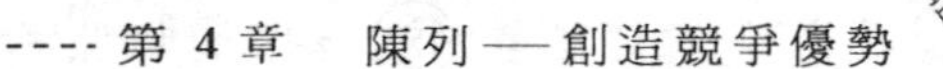

⑵按規格縱向集中的超市陳列技巧(見圖 4-1)。

圖 4-1　按規格縱向集中的超市陳列

52g　　161g　　383g

A廠	B廠	C廠	D廠	E廠	W廠	X廠	…	……	…………
D廠	F廠	A廠	C廠	A廠	B廠	E廠	……	…………	
W廠	X廠	F廠	A廠	C廠	B廠	…	……	…………	

註：這種模式方便消費者選購，但使各廠家產品無法集中陳列不便於廠家推銷自己的產品。

應用對策：

同一規格區內盡可能使自己產品「上下打通，豎直排列」，利用兩規格相鄰位置讓自己的兩個規格產品緊鄰擺放從而形成集中陳列效果(見圖 4-2)。

圖 4-2　集中陳列效果

B廠	C廠	D廠	E廠	A廠	A廠	W廠 X廠	…	…………
F廠	B廠	C廠	A廠	A廠	B廠	E廠	……	… …… …
W廠	X廠	F廠	A廠	A廠	C廠	B廠	……	……

註：按價格、按包裝縱向陳列者應對方法同理。

⑶按品牌集中超市陳列技巧。超市貨架一般是四層～六層，最有效的貨架是中間幾層，此時如果完全採用按橫向陳列(一層貨架橫向陳列一個品項)勢必造成最高層、最低層貨架上產品無法佔據有效陳列位；而完全縱向陳列(各品項豎直排列)同時要保證每個單品不少於兩個陳列面，又會由於商超給的陳列空間有限無法全品巧陳列。

應對策略：採用橫縱交叉陳列法：儘量讓每一個條碼都有一個有效陳列面。

2.不被現有貨架層數蒙蔽

背景：

①產品進店時，超市採購會以《商超陳列配置表》的形式規定新品的具體陳列位置、排面(具體落實時門店經理可在此基礎上做一定修正)，陳列配置表一旦確定不可輕易改變；

②新品進店，訂單都會和供應商一起商定各品項的最小訂單量和首次訂單量。

動作：

⑴新品進店在確定陳列配置表時要多下工夫與採購談判，爭取最「優惠的陳列條件」。

常用談判方向如下。

①以促銷促進陳列；

②宣揚獨特賣點：本品與超市現有同類產品相比有獨特賣點，可以帶來新的消費群，增加超市該品類貨架的整體銷量，如：超市現有產品均為中高價位，而在低價產品市場中我的品種比他們都有優勢；

③本品給該超市的獨家優惠條件，如某一條碼的專銷、更低價格、更高利潤、更好的售後服務；

④全年規劃展望；

⑤利用競爭心理；

⑥利用弱勢競爭品：某競爭品(銷售不佳的弱勢品牌)現在佔有多少排面，如果給我同樣的排面，保證可達到多少銷量，多少利潤。

⑵首次供貨足量送達。陳列配置表一旦設定，首次供貨一定要 100%全品項足量送達，並及閘店經理溝通，使陳列配置表完全落實。否則會導致好不容易爭取到的陳列位「縮水」。甚至在下次補貨時要重交新品條碼費。

⑶修正最小訂單量。超市的訂單大多是電腦生成，進店時確定的最小訂單量會在一時間內影響超市對本品制定的每次要貨量和安全庫存量，從而影響銷售和陳列效果。所以在進店確定最小訂單量時業務人員要積極參與提出修正意見。

例：如圖 4-3 所示，超市貨架共 5 層，以有效陳列的眼光可將該超市貨架層數重新定義——看做三層。

以該貨架陳列多個條碼爲例，這樣陳列就可保證每一個條碼都能在有效陳列層(第 2 層至第 4 層)上佔據排面。同理當該貨架爲 4 層時可將它重新定義爲兩層。

圖 4-3　貨架示意圖

第 1 層	看做第一層
第 2 層	
第 3 層	看做第二層
第 4 層	看做第三層
第 5 層	

A 品牌陳列區

註：第 1、2 層看爲一層，第 3 層看爲一層，第 4、5 層看爲一層。

3.日常拜訪中的陳列搶佔

⑴拜訪時間：瞭解競爭品業務代表對該超市的拜訪時間，調整自己的拜訪時間到緊跟其後，儘快削弱對方陳列成果、搶佔排面。

⑵每一次促銷都是擴大排面的時機。

⑶搶弱勢品牌：「某某品牌銷量一直下滑，還佔了那麼大的貨架，把他的貨架排面給我多少個，我保證可以增加多少銷量」。

⑷待機而動：商超各商品部的堆頭貨架佈局一般不會變，但在裝修、店慶、換季、節慶、新品進店、產品淘汰時會做調整，這是搶排面的最佳時機，尤其是在競爭品缺貨、斷貨或違規被超市撤架清場時，本品要馬上乘虛而入，以大力度促銷爲籌碼和超市談判搶佔排面。

⑸業務代表聯盟：聯合幾個其他品牌的業務代表建立「同盟」——「以後去超市理貨時互相不搶，都去搶某某的排面」。

⑹排面互換：在離本品陳列區較遠的地方有「空閒」排面也要搶，因爲你可以拿這些「戰利品」與別的廠家交換有用的排面或者送人情以尋求該廠家業務代表跟你的合作關係。

⑺及時供貨：掌握各超市的銷量幫超市修正本品的安全庫存數，及時送貨確保，不因爲斷貨、斷品項導致排面下降。

⑻尋求協助陳列：與店方理貨人員搞好客情，請他們在自己不在店內時多關照本品的陳列排面。和其他非競爭品廠家理貨人員結成同盟，一方人員不在場時另一方人員協助做陳列。

⑼中轉倉搶佔：超市會在店內靠貨架較近的地方，貨架頂層、底層、樓梯兩側、門口的角落等地設置中轉倉庫放小量貨品，方便理貨人員給貨架、堆頭補貨。你的產品在中轉倉庫存不足會直接導致你的排面被競爭品擠佔。

⑽發展第二陳列空間：如休閒區好的堆頭位置已經沒有了，可去爭取緊靠休閒區的其他區域的堆頭位置，堆頭費可能還會降低，而且因爲你的產品是該區的異類，所以非常醒目，同樣有好的助銷效果。

⑾開發陳列死角：超市通道盡頭一般是營業死角，人流少、銷量小、廠家可嘗試用很低的價格買下本品貨架附近死角區的全年堆頭，然後跟超市溝通，在該處佈置大幅海報、卡通 POP、免費試飲台、鏡子等引導人流，激活死角。

當前賣場這一現代銷售管道佔產品的銷售的比率越來越高，特別是針對快速消費品，大有扼殺傳統管道之趨勢，所以作好產品生動化，特別是賣場的終端產品生動化對提升公司的品牌形象和產品銷量，都起著非常重要的作用。

6 借勢陳列實戰特訓

1.巧借特殊時機陳列

對於企業，要想將產品放到理想的貨架上，特殊的時機值得一借；對於商家，貨架陳列的依據不是一成不變的，根據時機的不同進行調整，會收到意想不到的功效。節日、事件等足以激發起消費者或部分消費者購買興趣的機會，都可以成爲時機。

不相關聯的商品，可以通過特定的時間聯繫在一起。如巧克力原來在糖果類產品的貨架上，鮮花則放在生鮮區的旁邊以利用其濕度，兩種商品平時「見不上面」。但情人節鮮花和巧克力的熱賣，讓它們聯繫在一起。如果買了鮮花，又到糖果貨架上去找巧克力，多不方便！而有些人買了鮮花，不一定購買巧克力，如果你將巧克力陳列在鮮花旁邊，這樣的「順便購買」就可以提高銷售額。

2.巧借相關商品陳列

商品陳列時，也可以借助相關產品的陳列，來使產品的陳列效果更好。在陳列上，什麼樣的產品可以借勢呢？一般來說，商品陳列面積小，產品反覆購買幾率相對低，產品有一定的延伸價值，產品小巧精緻等，這些特點的產品就可以借相關產品的優勢。比如香煙和精美打火機等。

當然不是所有的超市都可以這樣陳列。像家樂福這樣的大賣場，陳列都是按照品類劃分，一般都有嚴格規定，很難將不同類的商品陳列在一起。而對於那些比較小的便利店來說，雖然也依據類別來陳列，但是由於單品較少，整個超市的面積也小，陳列也就更加靈活。

還有一個值得注意的問題就是：這樣的借勢陳列，不適宜在一個小超市裏廣泛運用，因為用得過多，超市會顯得淩亂，陳列沒有規律，讓消費者不容易找到他們經常要買的東西。

3.巧借競爭品價格陳列

去超市經常會有這樣的經歷：已經想好要購買的啤酒，但在啤酒的陳列區，該啤酒旁邊陳列著另外一個品牌，一看價格，一罐少付 2 元。想想：口味差不多、容量一樣，好，那就買便宜的吧。購買的決定就這樣被改變了。

價格借勢在陳列中得到淋漓盡致的體現，從而起到打擊競爭品牌的作用，可以說幾乎沒有一種競爭手段比這更直接、更致命。

如果企業的產品和競爭者是同類產品，並且包裝、品質、款式、品牌力度都和競爭品牌不相上下，但是該企業的產品價格比競爭品牌低，該企業做商品陳列時，應該緊貼著競爭品牌，這樣能很直接突出產品的價格優勢。這小小的價格標籤，往往是企業把消費者拉到產品面前的最後機會。

當產品優勢明顯的時候，陳列務必要用緊跟策略。俗話說：「不怕不識貨，就怕貨比貨！」產品緊跟競爭品時，起到的作用就是讓消費者進行比較，充分借競爭品牌相對於你的弱勢，來提升自己的優勢，一邊打壓，一邊提升，效果不言而喻，這是陳列中的關鍵！

當然，一種產品相對於競爭品，會在很多方面產生優勢，如價格、性能、品種、包裝和促銷等。企業有了緊跟意識還不夠，最重要的是要在陳列中充分將你區別競爭品的優勢提煉出來，簡單明瞭的告知消費者。

4.巧借旺銷商品陳列

新品入市，不可能一下子就賣得很好，那麼在超市該如何選擇陳列位置呢？旺銷產品旁邊的位置，是新產品最好的推廣位置。

旺銷產品往往位於人流量最大的位置，消費者在其貨架前停留時間也較長，易受到注意，被購買的機會自然就更多。如此旺勢，不可不借。緊靠旺銷商品陳列的商品，受到消費者關注的程度要遠遠高於其他商品。

當然這些位置的價格會更貴一些，企業可以通過適當減少陳列面積來節省陳列費用的支出。

借旺銷產品之勢陳列產品有兩個問題值得企業注意。

一是如果你的產品和旺銷產品在品質、包裝、價格等方面有明顯弱勢，請你務必要遠離旺銷產品，否則你只能成爲別人的陪襯，更暴露你的缺陷。

二是務必要展示你與旺銷產品的不同個性，突出你與旺銷產品的區隔，你的產品才可能和旺銷產品站在同一個高度競爭。店內售點 POP 廣告，是體現產品個性最好的手段。

5.巧借自己商品陳列

借勢陳列並非只是借別人之勢，自己產品之勢，同樣也可以借。比如產品線長的企業其實並不是所有的產品都好賣。企業將不是特別好賣的產品和暢銷品陳列在一起，就是要借自己的暢銷產品之勢。

6.巧借購買習慣陳列

消費者購買習慣其實也是有規律的，關鍵是企業能不能發現其中的規律並恰當利用。企業要仔細觀察消費者的購買行爲，尋找常被忽視的借勢契機。

比如，超市靠近出口和入口的通道上人流要比別的地方多很多，這是所有消費者在超市行走購物的規律，那麼可不可以根據這個習慣來陳列商品呢？

比如，消費者的購買習慣分爲衝動性購買和目的性購買。對前者，商品自然應該放在人流最爲密集的地方，消費者走到跟前時，往往很習慣的就將這些產品放進了購物推車。這些商品有飲料、麵包等消費頻率高的商品。相反，像刮胡刀、收音機等商品，消費者購買時有明確的目的，完全可以放在比較冷清的角落。

當然，還有很多購物習慣可以借勢，只要仔細觀察、科學分析，完全可以找到其中的規律。這樣的勢借好了，也可以起到意外的效果。

7 陳列的重要性

陳列與展示主要是指終端零售點的陳列和產品的擺放展示，它們都能體現出貨物陳列的一種美感和藝術性。同樣的商品，不同的陳列方式會給人不同的感受，帶來不同的銷售量。

巧妙的陳列能引導顧客的衝動購買，實現銷售額的提升，因此，對於企業來說，陳列的重要性是不可忽視的。

在產品銷售的四個基本因素(分銷、陳列、價格、促銷)中，陳列是十分關鍵的一個環節，產品陳列得不好，整個銷售過程就會脫節，產品陳列得好。消費者對產品的注意力就將明顯提高，並通過其他因素的協助完成產品銷售的整個過程。

消費者購買產品時，他會十分注意賣場環境的佈局和商品陳列帶給自己的視覺效果。如果產品擺放的缺乏美感甚至雜亂無章，可能無法激起消費者的購買慾望，也不可能提高其銷售業績。而良好的產品陳列與展示應該能從第一視覺上吸引消費者的注意力，使其對產品產生信任感並刺激其購買慾望。陳列相當於商品最直接的廣告，它主要包括商品擺放的位置、方式、店頭宣傳等方面，能有力地促進顧客的購買。

例如，綠箭口香糖就利用有效的商品陳列盤活了賣場死角。在超市付款台這一「咽喉口」，小展架上往往陳列著眾多的品牌。在產品擁擠不堪的情況下。綠箭口香糖有針對性地生產了 3 條一包裝和 6 條一包裝的促銷裝。並且在包裝一頭設置了掛孔，把鐵絲網釘在牆壁上，鐵絲網上設了一些小掛鈎，就將產品一包包掛上去。整個牆壁掛滿後十分美觀，既賣產品，又起到了裝飾宣傳作用，效果很好。

許多顧客在排隊等候付款的過程中，可以隨手從牆壁上摘下口香糖，這也成了購物中的一個樂趣。

綠箭口香糖就這樣花極少的投入，將賣場牆壁這些死角充分地利用起來。像口香糖這樣的「小不點」是很難在賣場陳列中脫穎而出的，但綠箭口香糖就開動了腦筋，創造性地進行商品陳列，不放過任何角落來增加產品陳列的機會，甚至把死角也做活了。綠箭口香糖的創意很值得學習。

終端陳列的重要性具體表現在以下幾方面。

1.終端陳列可以塑造產品的形象

產品的形象就是產品的外貌，賣場的終端陳列在塑造產品形象方面起到了至關重要的作用。如果產品陳列不好，消費者看到一大堆亂七八糟的物品隨便堆放在貨架上，就不會認真留意其產品；而陳列得非常好的產品，能讓人感覺耳目一新，並會去留意觀察產品品質與價格方面的問題。

2.終端陳列可以提高產品的競爭力

產品的競爭力決定著該產品在市場中的成與敗。因此，許多企業都將提高產品的競爭力作為企業建設很重要的一部分，而賣場陳列則是產品在終端提高競爭力的有效途徑。

3.終端陳列可以將產品更多的資訊傳遞給消費者

賣場裏有很多產品特意將其降價、促銷等利誘點擺在最顯眼的地方，讓消費者直接從產品陳列中獲得有關的資訊，其實這也是終端陳列的另外一個作用，就是讓消費者能夠知道產品近期的促銷、降價、更新等資訊，而這也免去了商家進行媒體宣傳將資訊傳達給消費者的工作。

4.終端陳列可以誘導消費者進行選擇和下決心購買

消費者進入賣場的時候，一般都會東挑西揀，精心選擇。這是因爲產品的品種實在太多了，琳琅滿目，消費者始終下不了決心購買那種產品，需要進行產品間的對比。產品陳列得好，就能有力地吸引消費者駐足觀望，增加消費者選擇該產品的機會，促使其產生購買的慾望。

在企業的終端戰略中，一定要對產品的終端陳列引起足夠的重視，用切實可行、獨特新穎的陳列贏得消費者的青睞。

8 如何讓商品陳列更具魅力

商品陳列是企業終端管理工作不可缺少的重要組成部分，商品陳列效果的好壞直接關係到終端管理工作的開展。

優化、合理、簡潔的商品陳列能刺激消費者的購買行為，能使企業快速建立品牌形象和企業形象，進一步提升品牌認知度和傳播的有效性，鞏固和提高品牌價值。

一、注重商品陳列的鮮明性

終端理貨員在商品管理過程中，應保證自己的商品在同類商品中陳列得更鮮明、更醒目，以此達到吸引消費者眼球的目的，博取消費者的青睞，進而刺激消費者的購買慾望，最終實施購買行動。明白醒目是最吸引人的，也最容易打動人。要想讓消費者購買企業的產品，就必須在消費者進行選擇的第一時間，第一個打動他。

終端理貨員還要保證自己的產品陳列在店面最醒目的位置，保證產品第一時間被消費者注意，引發購買行為。

商品陳列的鮮明主要表現在色彩的合理運用。顏色醒目得體可造成產品豐富、突出、富有品位和充滿遐想的意境，形成

企業深具實力的印象和陳列效果。

1.增加照明效果

借助恰當的光源照射，可以強化商品的色彩，增加商品精緻、高貴的美感效果，並營造出浪漫、熱情、涼爽等預期的良好效果和購物環境。此外，還能吸引消費者的注意力並引發對商品的親和力。

2.增加色彩效果

不同的色彩給人以不同的感覺和相應的心理反應，巧用色彩，可以突出和強調產品的性能特色。這種色彩與產品的關係，已廣泛應用於產品的外觀設計和包裝設計，也被廣泛應用於產品的陳列展示。

⑴紅色：紅色調會給人一種熱烈、溫暖的心理感覺，使人產生強烈的心理刺激，適用於喜慶產品的設計及其出售時的陳列展示。

⑵綠色：綠色被稱爲生命色，常用於表現生機勃勃的大自然，也常用於體現健康、無污染、無公害的產品。

⑶黃色：黃色會給人柔和、明快之感，使人充滿希望。以柔和的淡黃色作爲商品陳列背景的主色調，能給消費者一種溫暖如春，賓至如歸的感覺。

⑷白色：白色能給人以純潔、清爽、衛生的感覺，作爲食品的陳列展示環境較爲適宜。

⑸紫色：紫色給人以莊嚴、隆重、高貴、典雅的感覺，能使人產生敬畏感，常用於佈置高級商品，如珠寶、首飾、高檔手錶、極品煙酒等。

⑹橙色：表示高貴富裕，多用於襯托高檔服裝、珠寶首飾等。

⑺藍色：給人以深邃、休閒、清涼的感覺，一般用於佈置水產品、清涼產品等的展示環境。

⑻粉紅色、橘紅色、紫紅色：最能激發人的食慾，適於食品飲料類產品的促銷。

兒童用品採用紅、粉紅、橘黃、深藍等顏色爲產品的主色調或產品陳列背景，容易引起兒童的注意和興趣。

在冬季用橙、紅、黃等暖色調佈置產品展示，可以使人感覺到暖意，增加停留和關注的時間。夏天，白、藍、綠、紫等冷色調可以增加清涼飲料的銷售機會。

以深色爲主色調的產品，用對比度大的明快顏色襯托，使產品更加突出。

在終端建設和管理中，除了爭取較好的陳列位置、放置高度和較大的陳列空間外，充分利用色彩與心理的關係，針對不同時令、不同節日、不同目標消費群變換不同的背景顏色，不但能夠突出產品，還可以始終保持耳目一新的效果，保持產品的新鮮感。

二、保證商品陳列的至尊性

所謂至尊性就是使企業的產品永遠保持產品陳列空間和陳列位置的黃金位置。

要保證產品陳列的至尊位置，終端理貨員必須與店面經理、店員保持良好的合作關係，儘量突破朋友化行銷，與終端店面經理、店員成爲真正的朋友，要經常進行店訪，保持有效的溝通，及時掌握競爭對手的陳列策略和意圖，知己知彼，防患於未然，才能使終端理貨工作保持領先地位，鶴立雞群。保證產品的至尊性就要佔據陳列的最佳位置和最佳高度。產品陳列的最佳位置是：中間靠左的貨架位置，靠近收銀台的位置，櫃檯上的展示位置，與目標消費者視線儘量等同的貨架，人流量最大的通道，尤其是人流通道左邊的貨架位置，因爲絕大數人習慣於先左視後右視，貨架兩端或靠牆貨架的轉角處，通道的入口處與出口處，靠近大品牌、名品牌的位置。

商品陳列的最佳高度是：

第一最佳高度：與眼睛視線平行。

第二最佳高度：齊腰水準的位置。這一位置的銷量相當於第一最佳位置銷量的 74%。

第三最佳高度：膝蓋至腰的位置段，其銷量相當於第一最佳位置銷量的 57%。

三、突出商品陳列的便捷性

消費者在賣場購物的時候，一般講究便易性、便捷性。消費者選購商品時，很容易選擇自己最容易取到的商品，除非他是有目的的，才會彎腰或低頭去費勁尋找。這說明，遠離消費者視線或者需要消費者彎腰低頭才拿到的商品，往往會成爲消費者流覽的過客而失去被選擇的機會。所以，終端理貨員在理貨過程中，應突出產品陳列的便易性、便捷性，使企業的產品放置在客流量大、人群走過最多的地方、堆頭，讓消費者在選擇購買的過程中，最容易取到、最快取到企業的產品。

四、講究商品陳列的生動性

保持商品陳列的個性化、生動性。因爲個性化、生動性的商品陳列，最能充分展示其特點，實現自我推銷。同時往往能夠通過商品陳列的個性化，展示商品的生動形象，吸引消費者的注意。一成不變、千篇一律的商品陳列，是無法打動、吸引消費者的。只有個性化、生動性的商品陳列，才能捕捉消費者的視覺，引導他們的親近和購買。

五、保持商品陳列的整潔性

商品陳列最忌雜亂無章，影響商品形象和企業形象。零亂無序的商品陳列會使消費者產生這樣的感覺：商品滯銷，檔次低，沒有品位。如此的商品，最終只是讓人翻來翻去，無人真正購買。

如果商品陳列得整潔有序，所有的商品表面無任何積塵，明亮光澤，猶如新擺上架一般，消費者就會感到這樣的產品走貨很快、很好賣，也會引發一種從眾的心理意識，或者激發消費者嘗試的想法，促使消費者實施購買行爲。

理貨員在終端產品理貨過程中，應時刻保持所陳列產品的

整潔，必要時，可以每天下班前協同店員用乾淨毛巾擦淨，特別是超市、開放式的商品專櫃，終端理貨員要及時整理被消費者翻亂的商品，保持整齊，以維護良好的品牌形象和企業形象。

總之，商品陳列必須最大限度地保證陳列位置的鮮明性、至尊性和便捷性，才能吸引消費者的眼球，方便消費者選購。

同時，必須保證商品陳列形象的個性化、生動性、整潔性，在有意和無意間有效地吸引消費者、感染消費者，用陳列的巨大魅力展示和提升良好的產品形象和企業形象，鞏固消費者的好感度和忠誠度，維持和吸引消費者的重覆購買行為，網路一批忠實的消費群體，以保證終端銷售的良好態勢，不斷提升企業產品的整體銷量。

9 終端陳列的技巧

在零售行業競爭越來越激烈的今天，各種促銷手段與炒作方式均最大程度的被零售商利用，同時在賣場裏各盡所能地用各種技術、手段來佈置氣氛以促進銷售。商品陳列更是成為零售商素質的一個重要考核指標之一。從簡單化管理的原則出發，陳列其實是一項需要用心的細緻活·如果能按照基本的要求執行即能有效提升賣場形象、促進銷售。總的來說，終端陳列的技巧主要體現在以下方面。

1.終端陳列應體現商品的豐富性和集中性

俗話說：「貨賣堆山」，意思是說商品陳列要有量感才能引起顧客的注意與興趣，量感陳列也是門店形象生動化的一個重要條件，而且，同類別商品要集中陳列。集中陳列也是「量感陳列」的體現，也能讓顧客更容易地按照類別找到自己所需要的品牌或品種。

2.終端商品陳列應體現層次性

引起消費者的注意，體現商品的主次結構。應以多種商品集中陳列、單一商品大面積陳列、促銷活動主題化陳列等方式引起消費者的注意。另外，不必對所有的商品平均分配陳列區域，而是要劃分陳列區塊的大小，陳列位置的好壞，有主有次

地陳列商品，讓商品體現出一定的層次性。

3.終端陳列應具有便捷性

易拿易取易還原是商品陳列較好的條件之一。即使再美觀、大氣的陳列(堆碼)，若消費者拿取不方便，或者放回去極爲麻煩，那麼再好看的陳列也無法起到促進銷售的目的。

4.終端陳列應有一定的合理性

終端陳列合理即與同類產品的合理化比較，合理利用陳列區域達到最大化銷售。合理化比較是指將自己產品放到同檔次及同類型的區域裏可以形成品牌、品種、價格等與其他同類產品的合理比較，避免非同類型產品的不合理比較。合理利用陳列區域達到最大化銷售應把貨架充分留給暢銷的產品和品種。

5.可以關聯陳列

關聯陳列即把互相關聯的商品陳列在一起。很多商品在消費者心目中是有關聯性的，當顧客購買某一樣商品時他會需要與之相關的商品來配套，或者經過賣場人員的精心安排，他會發現買了甲商品再加件乙商品會是個不錯的搭配，這樣關聯商品陳列就顯得很有必要。如牙膏與牙刷、茶具與茶葉、垃圾簍與垃圾袋等。還有，商品陳列時儘量保證一個品牌或系列的商品能配套齊全，集中陳列，這樣才能讓消費者有更大的選擇餘地，也能增加銷量。

6.堅持先進先出的原則

賣場人員進行商品陳列時需要注意商品的保質時間與有效期等問題，特別是保質期較短的商品，如麵點、冷藏商品等。賣場人員應遵循「先進先出」的陳列原則，當貨架上陳列在前排的商品被顧客拿空後，補貨人員應該先將後排的商品推到前排，然後將生產日期晚的新品補到後排空處。

7.增加商品和消費者接觸的機會

最準確地攔截目標消費者，增加產品與目標消費者的有效接觸機會。要分析賣場環境和消費者習慣，在目標消費者最有可能到達的地方陳列產品，無論是找到新的陳列位置還是擴大原來的陳列面積，產品與消費者接觸的機會越多，銷售的機會就越大。

8.合理搭配商品的色彩

很多消費者在賣場購物屬於衝動型購買。而引起消費者衝動購買慾望的因素除價格、品種、量感等原因外，商品外包裝的美觀及視覺上的衝擊也是重要因素之一。因此，陳列商品時，賣場人員應注意各種商品

陳列時的色彩搭配，冷暖色調組合適宜，避免同種色彩不同商品的並列集中陳列，以免造成消費者視覺上的混淆，包裝雷同的商品更要注意區分。

9.保持商品整潔衛生

衛生、整潔是顧客對商品陳列乃至整個賣場環境的要求。賣場人員在陳列商品的同時要及時清理商品及貨架或堆碼位置的衛生，將商品上的灰塵及時擦拭乾淨，體現商品的新鮮度。

10 經典案例：可口可樂的生動化陳列

可口可樂經過一百多年的持續發展，已成爲世界飲料市場的領頭羊。在這一發展過程中，可口可樂始終讓眾多消費者保持對自己的忠誠。其秘訣主要有兩點：一是保持上乘的產品品質，二是保持良好的形象品質。

一、貨架展示

1.展示位置

可口可樂強調產品要擺放在消費者流量最大、最先見到的位置上。爲此，業務員要根據賣場的佈局、貨架的佈置、人流規律來選擇展示可口可樂產品的最佳位置，如放在消費者一進店門就能看見的地方、收銀台旁邊等，這些地方可見度大，銷售機會多。

2.外觀

貨架及貨架上的產品應保持清潔、乾淨、整齊。

3.價格牌

應有明顯的價格牌。所有陳列的產品均要有價格標識，所有產品在不同的陳列設備中的價格均應一致。

4.產品次序及比例

陳列在貨架上的產品應嚴格按照可口可樂、雪碧、芬達的次序排列，同時可口可樂品牌的產品應至少佔 50%的展示面；產品在貨架上應垂手可得；包裝相同的產品必須位於同層貨架上，且要平行；包裝輕的放在上面，重的放下面；要注意上下貨架不同包裝的品牌對應，如上層是易開罐的可口可樂，則下層的對應陳列就應是塑膠瓶的可口可樂，即所謂的品牌垂直。

當賣場沒有足夠的產品陳列空間時，可口可樂公司即向終端零售商提供活動貨架，以爭取陳列空間，用於陳列銷量大、周轉快的品牌和包裝。對活動貨架的管理，可口可樂也提出了詳細的要求。

⑴存貨：可口可樂應佔公司產品陳列的 50%(垂直陳列)，其他品牌則依銷售量按比例陳列。通常來說，以不超過 1 種包裝、4～5 個品牌爲原則，陳列於活動貨架上。

⑵位置：可口可樂的陳列位置在終端零售店的主要飲料區之前、在主要陳列區末端、在競爭者產品之前、靠近相關產品(如小吃區域等)。

⑶包裝：塑膠瓶包裝最適合陳列於活動貨架上(除非活動貨架是專爲易開罐所設計的)，而易開罐則比較適合「落地陳列」。

⑷展示：每一個品牌、包裝陳列時，必須清楚地標明品牌、包裝、價格及特價等促銷資訊，並確保店內所有同一品牌、同一包裝產品的價格一致。

⑸落地陳列：落地陳列是爲了促銷產品，強調某一促銷活動(產品、包裝)、假日特賣，或者提供的高周轉產品有更多的

存貨所做的陳列。

二、具體陳列

陳列就是把一些商品有規律地集中展示給顧客。陳列產品生動化的目標是佔據更多的陳列空間，盡可能增加貨架上陳列品的數量。因此，可口可樂要求，在售點內多處展示可口可樂的產品。顧客能在越多的地方見到可口可樂的產品，他們買的機會就越多。

1.陳列位置

可口可樂產品應陳列在消費者容易看得到的最好位置。

2.陳列方式

可口可樂產品應集中陳列，同一品牌垂直陳列，同一包裝水準陳列。維持每一品牌、每一包裝至少有兩個以上的陳列排面，以方便補貨及增加產品循環。

有價格促銷時，必須使用特別價格標示，內容應包括原價格、新價格、節省差價及品牌包裝等資訊。包裝以上輕下重的原則陳列，可根據地點或商店的不同而調整。

總之，陳列分配應依銷量大小來決定。可口可樂的這種生動化陳列，發揮了終端陳列的最大效用。有效地提升了產品在消費者心目中的形象，使產品的銷量不斷增加。

第 5 章

導購——最鮮活的廣告

導購員現在已經被重新定位，不再是售貨員的簡單定義了，他們是最鮮活的廣告。

企業越來越注重導購人員的培訓，導購人員通過考試才能上崗。如果導購員素質好，能夠很好地瞭解顧客心理，並掌握良好的溝通技巧，為顧客提供正確資訊的指引，導購就會成為直接促進銷售提升的重要推進力。

1 導購的重要意義

終端貨架上的產品琳琅滿目，新產品層出不窮，產品的技術含量越來越高，普通消費者已經很難憑自己的經驗和知識對商品的好壞、品質的優劣做出判斷。在購買現場，顧客很自然地將終端工作人員看成是這方面的專家。在顧客面對眾多商品猶豫不決時，終端人員的一兩句評價、一句簡單的提示和介紹，就可能對顧客的購買有決定性的影響。這體現出導購的重要價值，它表現在下面幾個方面。

⑴導購是企業和產品的形象代言人。

⑵導購是企業資訊的傳播者與消費者之間的溝通。

⑶導購是消費者所需產品的顧問。

⑷導購是商店與消費者之間溝通的橋樑。

對於很多中小型企業來說，當產品千辛萬苦地進入強勢終端之後，對導購的需要比大企業更爲迫切。他們已經深深認識到，導購就是引導消費者購買自己的產品。導購的特點是在銷售現場用嘴巴做廣告，與媒體廣告相比，這種方式更具針對性，更加詳細生動，更富有感情色彩。

1.導購的針對性更強

在資訊爆炸時代，廣告與促銷極易被目標受眾忽視。另外，品牌廣告的作用具有滯後性，促銷廣告又因爲對產品介紹不足、沒有針對性，使消費者難以下決定。而導購人員直接面對目標受眾展開商品演示，介紹特性，解答疑問，進行充分的雙向溝通，針對性更強，這是品牌與促銷廣告難以達到的。

2.導購是購買現場「臨門一腳」的執行者

雖然品牌與促銷廣告具有告知產品與引導購買的作用，但是，最終消費者的購買達成受許多不可測因素的干擾。終端導購在消費者的購買現場起到「臨門一腳」的作用。

3.導購還可以提升產品在通路中的競爭力

產品上市進入通路後，必須讓它馬上動起來，只有不斷地有人購買，才會不斷有重覆訂單，形成良性循環。

由此可見，企業要在激烈的市場競爭中處於有利地位，使越來越挑剔、越來越理性的消費者優先選擇自己，必須重視導購工作。

2 終端導購員的崗位職責

導購員的天職就是努力把產品賣出去。在終端零售現場，導購員直接與消費者做面對面溝通，向他們介紹產品，回答他們提出的問題，引導消費者做出購買決定。但是，作爲一個優秀的導購員決不只是把產品賣出去這麼簡單。銷售既然是涉及買賣雙方的事，因此，站在消費者角度和站在企業的角度，導購員的職責不盡相同。

一、導購員的職責

站在消費者的角度，導購員的工作職責主要包括兩方面。

⑴爲消費者提供服務。

⑵幫助消費者做出最佳選擇。

導購員在瞭解消費需求心理的基礎上。使消費者相信購買某種產品能使他獲得最大的利益。

導購員怎樣幫助消費者呢？可以從以下方面進行努力。

⑴詢問消費者對商品的興趣、愛好。

⑵幫助消費者選擇最能滿足他們需要的商品。

⑶向消費者介紹產品的特點。

⑷向消費者說明買到此種商品後將給他帶來的利益。

⑸回答消費者對商品提出的疑問。

⑹說服消費者下決心購買此商品。

⑺向消費者推薦別的商品和服務項目。

⑻讓消費者相信購買此種商品是一個明智的選擇。

一個優秀的導購員能向消費者提供很多有用的資訊，出許多好的主意，提許多好的建議，能夠幫助消費者選擇滿意的產品。

站在企業的角度，導購員的職責有以下幾方面。

1.宣傳品牌

導購員不僅要推銷產品，更是在推銷產品背後的品牌，要在流利介紹產品的基礎上，介紹產品的品牌價值，介紹這種品牌的承諾，讓消費者不僅買到產品本身。更是買一份放心、一份信任。爲此，導購員要做好以下工作。

⑴通過在賣場與消費者的交流，向消費者宣傳本品牌的產品和企業的形象，提高企業的品牌知名度。

⑵在賣場派發本品牌的各種宣傳資料和促銷品。

2.產品銷售

充分利用各種銷售和服務技巧，激發消費者的購買慾望，提高產品的銷售量。

3.產品陳列

努力使賣場生動化，做好產品陳列和 POP 維護工作，保持產品與助銷品的整潔和標準化陳列。

4.收集資訊

導購員要利用直接在賣場與消費者、競爭品牌打交道的有利條件，多方面收集資訊並向企業回饋。

⑴收集消費者對產品的期望和建議，及時、妥善地處理顧客異議，並及時向主管彙報。

⑵收集競爭品牌的產品、價格和市場活動等資訊，及時向主管彙報。

⑶收集賣場對企業品牌的要求和建議，及時向主管彙報，建立並保持與賣場良好的客情關係，獲得最佳的宣傳和促銷支持。

⑷瞭解賣場的銷售、庫存情況和補貨要求，及時向主管和經銷商反映情況。

5.帶動終端營業員或服務員做好本產品銷售

導購員不僅要自己做好銷售，而且要帶動終端店的營業員和服務人員做好自己企業產品的銷售。爲此，導購員要做到：

⑴傳遞產品知識、企業資訊：向終端店員介紹自己的企業和產品資訊，讓他們在瞭解情況的基礎上協助做好銷售。

⑵示範：導購員可進行銷售示範，教會終端店員怎樣更好地銷售自己的產品。

⑶聯絡感情：與終端店員溝通感情，以提高其銷售的積極性。

⑷利益激勵：贈送禮品、樣品，返利，開展銷售競賽等。

6.填寫報表

完成日、周、月銷售報表及其他報表填寫等行政工作，並

按時上交主管。

7.其他職責

完成主管交辦的各項臨時任務及賣場安排的有關工作。

二、優秀導購員的角色

總的來說，導購人員的一般崗位職責就包括上面所論述的部分。但是，對於一個優秀的導購人員而言，對其崗位職責有更高的要求，具體還要扮演以下角色：

1.做一個產品專家

要做一個優秀的導購員，首先要瞭解自己的產品以及競爭品牌的產品，瞭解產品的優劣勢、產品的技術含量、產品的生產流程、產品的獨特賣點，懂得越多，越容易使消費者信服。所以導購員要積極參加企業的知識培訓。而且在閒暇時間多留意和瞭解這方面的知識。例如，可以在網上查詢相關資訊，可以和售後服務者積極溝通，也可以學習產品培訓手冊。在介紹產品的過程中，一定要讓消費者感到這些知識能給他帶來利益。

2.做一個品牌大使

導購最基本的目的是推銷產品，但從長遠來說，導購員推銷的應該是品牌。只要企業的產品品牌建立起來了，銷售是很容易的事情。其實，推廣品牌，銷售產品，兩者是統一的結合體。現在，消費者在相信產品的同時，更看中品牌給其帶來的利益和價值。導購員是和消費者直接接觸的媒介。不能爲了銷售而欺騙、隱瞞消費者，誇大產品或品牌給消費者帶來的價值，從而影響品牌在當地的名聲。優秀的導購員不僅爲自己建立了品牌，而且更爲企業的品牌和形象宣傳擴大了影響。

3.做一個財務能手

變通才有機會，整合方有效率。作爲一個優秀的導購員，不能死守賣場制定的產品毛利點，而應該在儘量保證利潤的前提下靈活變通，不要因爲一點蠅頭小利，讓顧客感覺這個導購員不通人情而流失顧客。所以，導購員要有一個明細的賬目，讓賣場和企業知道你銷售的商品不僅沒虧，而總利潤還增加了。作爲一個優秀的導購員要清楚產品的銷售額，爲賣場創造的利潤，促銷活動的投資額、利潤點、效果以及別的品牌具體銷售狀況、利潤，活動成本，以分析企業產品在該賣場的優劣狀況，幫助業務員做好在該賣場的銷售、回款、談判工作。

4.做一個心理專家

具有溝通能力是對導購員的基本要求，而溝通就要掌握對方的心理。所以，作爲一名優秀的導購員，必須會揣測消費者的心理活動，從細節動作、穿著、舉止、眼神、表情等方面，感知他們的消費習慣及需求層次。有的導購員由於沒有察覺消費者到底需求什麼，沒有把握推銷的重點，而把企業文化、產品系列、產品功能等從頭到尾全盤托出，結果使消費者聽著都累，對產品失去興趣，最終離去。其實，顧客會流露出一些潛意識的動作，從這些動作中就可以發現他們感興趣的方面，或是關鍵的購買障礙是價格、功能、款式、品牌、服務，還是愛好、面子問題。導購要試探性地詢問出消費者的心理活動，知道他購買商品的目的。消費者的各種類型、各種目的不是三言兩語能說完的。不管怎麼樣，要學會挖掘消費者的心理需求，無論成交與否，都應爲企業的產品銷售和品牌形象帶來好的影響。

5.做一個表演家

導購員每天要和大量消費者、商場人員、其他品牌的人打交道，如果沒有一定的表演天分，想搞好產品銷售會有些難度。表演能力、交際能力強的人總能左右逢源，使困難迎刃而解。人都喜歡和積極主動、熱情大方的人打交道，導購員的熱情和積極常能感染消費者，得到意想不到的收穫。用自身的表演能力和周圍的同事搞好關係也非常重要。在實際工作中，導購員自身的千言萬語，不如旁觀者的隻言片語具有說服力，所以和商場管理人員、不同品牌的導購員搞好關係是非常必要的，人助者天助之。有的導購員工作能力極強，銷售產品也有自己獨特的一套，但由於各種關係沒有處理好，總是得不到別人的配合，甚至被冤枉，被捉弄，工作常常遇到莫名的障礙。

6.做一名裝點師

在賣場中，消費者總會注意那些新奇的、能引起自身美好感覺的商品，所以，導購員必須注意終端形象，用美好的裝點吸引消費者。終端形象是產品的視窗，會裝飾者總能引起別人的注意，一個好的環境，也能讓消費者在你的展位面前多停留片刻。

7.做一個情報員

導購員是賣場工作的第一責任人，直接和賣場管理者、消費者、競爭品牌打交道，是資訊來源的切入口。導購員在日常工作中收集的市場訊息，是企業瞭解市場發展變化的最佳資料。導購員應從以下幾方面收集資料。

(1)當地市場訊息。

(2)產品資訊。

(3)賣場信息。

(4)競爭品牌資訊。

(5)顧客資訊。

(6)客戶資訊。

(7)媒體信息。

8.做一個快樂使者

人都喜歡和有快樂心情的人打交道。導購員無論心情多麼不好，都不能把這種情緒帶給顧客和身邊的人。導購員應把推介工作變成一種樂趣，變成發自內心的一種快樂的銷售行爲，懷著感恩、愉快的心情去經營自己的顧客。導購員不要因爲顧客的責難，而遷怒於顧客，對顧客不禮貌。會影響品牌的形象。導購員要記住：好心、好意、好心情也是促銷力。

導購員要在現實工作中，不斷學習、總結、創新，提升自己，完善自己，讓自己成爲一個真正優秀的導購員。

3 對導購人員素質的要求

導購人員的素質決定了導購的工作品質，任何一個企業都對自己的導購人員素質有一定的要求。概括起來，導購人員的素質主要包括以下幾方面。

1.強烈的銷售意識

作爲優秀的導購員，必須具有「我一定要把產品銷售出去」的強烈意識。具有強烈銷售意識的導購員對企業、工作、顧客和事業具有強烈的熱情、責任心、勤奮精神和忠誠態度。這樣的精神和態度又能使導購員發現和創造更多的銷售機會。

2.清晰的目標

優秀的導購員首先要有明確的目標。明確的目標通常包括：工作要達到什麼高度，能鎖定明確的目標顧客群。顧客目標群定位的錯誤，會使導購員浪費很多時間卻一無所獲。此外，導購員需要知道怎樣接近潛在顧客，充分瞭解顧客喜好，常常能給顧客留下最好的印象，而且在最短的時間之內說服顧客購買產品。

優秀的導購員都有貼近顧客的方法，有推銷的解說技巧和推銷的解決方案，能幫助顧客解除疑慮，使其快速決定購買產品。

3.熱情友好的服務

服務能吸引顧客，創造銷售機會，創造銷售佳績。

服務首先是態度問題。推銷是心與心的交流，只有熱情才能感染對方。一位銷售專家說：「熱情在推銷中的分量佔到95%以上。」

其次，服務是方法問題。導購員提供給顧客的服務有貨幣性和非貨幣性的。對非貨幣性的服務，熱情與否至關重要。

4.充滿活力

在導購過程中，留給顧客的第一印象十分重要。由於導購工作的特殊性，顧客不可能有充足的時間來發現導購員的內在美。因此，導購員首先要有健康的身體，給顧客充滿活力的印象。這樣，才能使顧客有交流的意願。

5.超強的顧客開發能力

優秀的導購員不僅能很好地定位顧客群，還具有很強的開發顧客的能力。只有找到合適的顧客，才能獲得銷售的成功。

6.強烈的自信

自信是成功者必備的特點，優秀的導購員也不例外。只有充滿強烈的自信，導購時才能信心十足地說服顧客，才能贏得顧客的信賴。

7.扎實的專業知識

優秀的導購員能在最短的時間內給顧客以滿意的答覆。扎實的專業知識能獲得顧客的信任，提升推銷成功的概率。

8.能快速而準確地找出顧客的需求

即便是相同的產品，不同顧客有不同的需求，其對產品的訴求點並不相同。優秀的導購員能夠迅速、準確地找出不同顧客的購買需求，從而贏得最終成交。

9.高超的解說技巧

導購員高超的解說技巧也是銷售能夠成功的關鍵。優秀的導購員善於運用簡報的技巧，言簡意賅，能準確提供顧客想知道的資訊，而且能夠精准地回答顧客的問題，給顧客希望得到的答案。

10.擅長處理顧客異議

擅長處理顧客異議，將反對意見轉化為產品的賣點是優秀導購員的基本素質。導購員要善於處理客戶的反對意見，抓住顧客的購買信號，讓顧客能夠輕鬆愉快地簽下訂單。

優秀的導購員必須具備以上 10 種素質，並逐漸強化成自身良好的習慣，靈活運用，從而取得越來越好的業績。

4 導購的具體步驟

一、迎接顧客

通過迎接顧客並與顧客交談，建立一種融洽的氣氛，良好的開頭有利於與顧客做進一步的溝通。

導購人員要完成銷售，就要與顧客建立起溝通的橋樑。節奏緊張的現代商業社會，人與人最缺乏的就是溝通，迎接顧客是建立這個橋樑的第一步。每天有許多顧客走進櫃檯流覽，他們可能只是隨便看看。這些潛在的消費者有時並不能肯定自己需要什麼，導購員可以和他們交談，瞭解有關資訊，抓住每一個可能的介紹機會。在這裏，導購員必須記住，真誠的微笑是贏得顧客的法寶。

例 1：通常，導購人員會問流覽的顧客：「您需要什麼？」

分析：這是一種例行公事的職業性口吻，一定要避免！在大多數情況下，顧客會馬上敏感地搖搖頭走開或沉默不語地繼續低頭看。很少有顧客會直截了當地告訴導購員自己需要什麼，除非他已經確實知道自己需要什麼。

例 2：導購人員問：「您需要××嗎？」

分析：這種突兀的問話在導購推銷過程中是不允許出現

的。有時顧客可能要買，但尚未拿定主意，對於這個問題當然很難回答。顧客也可能沒想要買，只是看一看，這會使顧客覺得不好意思，隨後馬上離開。還沒有交流就把顧客嚇跑了，怎麼再向顧客介紹產品呢？

在以上兩個例子中，導購員還沒有與顧客交談，還沒有來得及瞭解顧客的需要，便讓顧客回答了或沒有回答是與否之後就離開了。

爲什麼會出現這種情況呢？原因非常簡單，因爲導購員一開始就向顧客進行了索取，讓他們在還沒有想好的情況下做出選擇，要他們回答一個難以回答的問題。這對顧客來說無疑是一個難題，因而顧客的態度很消極，也嚇跑了具有潛在需求的顧客。如果導購員換一種方式，也許效果會不同。

例 1：顧客只是隨便看看。

處理方式：導購人員可以這樣開始：「這是某某產品的專櫃。新上市了某種新產品。」或者說：「我們現在進行的是某某活動。」

例 2：顧客已經在看某一規格的產品。

處理方式：導購人員可以介紹此產品，介紹其有什麼功能，有什麼作用或有什麼區別於其他產品和品牌的優勢，要用儘量精練的語言介紹產品的作用或其獨特的地方。

例 3：顧客的眼光在櫃檯上來回掃視。

處理方式：導購員應隨時捕捉顧客的眼神。並與之進行目光交流，向顧客介紹自己的產品及其功能，有什麼作用或有什麼區別於其他產品和品牌的優勢，能給顧客帶來什麼樣的好處。

例 4：幾位顧客同時看某一產品。

處理方式：導購員一邊介紹產品，一邊向幾位顧客派發產品的宣傳資料，結合例 2、例 3 的情況靈活介紹產品。因爲顧客有幾位，所以還應向顧客多介紹幾種規格的產品，讓他們有選擇的餘地，以滿足不同顧客的需要。

從上面的例子中不難看出：顧客流覽某一產品，一般是對該產品有所注意。所以導購員應該對他正在看的商品給予相關的說明，說明後多半會引出顧客的一些問題和判斷，導購員往往能從中獲得顧客的需求資訊。

一般情況下，顧客會在導購員向自己介紹產品後產生兩種不同的反應。

⑴希望導購員說下去，這時，導購員要抓住機會，繼續介紹產品的特點、好處等資訊，並且給顧客觀察和試用的機會，也可以詢問一下顧客的情況和需要，向他推薦合適的產品。

⑵顧客會提出疑問，如「這種產品跟另一種產品有什麼不同？」「這種產品能不能適合我的某些需要？」「你的產品這麼多，那一種更適合我？」這其中表現出了顧客對這一產品的核心需求。

顧客的提問反映了他的需要和偏好。可見，一個好的開端是以爲顧客提供給予開始的。給予顧客什麼呢？給予的是一種服務，是一種說明，給予顧客所關心的事物的說明。

二、瞭解需要

通過向顧客提出問題並仔細聆聽回答，瞭解顧客真正的需要以及對產品的偏好。一定要注意細節，顧客的回答常常會有意無意地透露自己對某一產品的某種偏好，而且會對自己感興趣的方面提出問題。這些方面正是顧客最不瞭解也最想知道的內容。

1.對產品越挑剔的顧客，越是有購買慾望的潛在消費者

通常來說，在迎接顧客並與顧客交談之後，導購員與顧客的溝通橋樑就建立起來了。導購員應該通過詢問顧客的一些基本問題來瞭解顧客的實際情況，只有掌握這些內容，才能向顧客推薦最合適的產品。

通過提問，及時瞭解顧客的特殊需求，避免說上一大堆話，介紹了許多產品之後仍然不知道顧客的真正需要，還要注意從顧客的回答中找出隱藏的真正需要。因此，對於導購員來說，聆聽顧客的回答和陳述非常重要，因爲它包含了顧客很多的潛在需要，也就是說隱藏了許多的銷售機會。聆聽顧客陳述時，應該注意以下幾點。

⑴保持注意力集中，切記東張西望，心不在焉。

⑵不要隨意打斷顧客的談話，因爲這樣是不尊重顧客，對顧客不禮貌的。

⑶儘量避免說出否定的價值判斷。如「您這樣說就不對了」。

在提問和聆聽之後，導購員應分析一下，抓住其中的銷售機會。有時候，顧客並沒有直接說出他的需要，而是用一些否定的說法和判斷掩蓋自己的需要。

2.不僅要抓住每個銷售機會，還要善於創造銷售機會

成功者創造機會，失敗者等待機會。生活中的很多事情不怕做不到，就怕想不到。關鍵在於創造機會，然後努力去實現。

很多時候，顧客往往沒有意識到自己的其他需要，導購員應該提醒顧客並幫助其加以認識。銷售機會的有無，取決於創造。創造的關鍵在於怎樣去說，去概括，去闡述。

在這裏，重要的不是導購員要表達什麼，而是怎樣表達。優秀的導購員滿懷信心，從心裏認定顧客確確實實有這種需要，且能牽引他去認同自己確實有這種需要，並確認事實就是這樣，直到顧客接受，完成銷售。

通過提問、聆聽、分析，導購員抓住了機會，通過概括和闡述，導購員創造了銷售機會，再真正瞭解顧客的需要後，應向顧客推薦合適的產品，以滿足顧客的需要。

三、推薦產品

完成了前面兩個步驟以後，就該向顧客推薦合適的產品來滿足顧客的需要了。

通過觀察顧客，找出與顧客相適應的產品，向顧客解釋該產品如何有益於顧客和如何滿足他的需要，讓顧客試用此產品或向顧客示範產品如何使用，並向其介紹該產品的特性與益處，不斷強調該產品的益處及效果，對其感興趣或不瞭解的地方反覆強調或給予肯定的確認。

對一個優秀的終端導購員來說，儘管每一步驟都是重要的，但關鍵的一步就是推薦產品。

導購員應該明白，每一產品都有好處，每個顧客都有需要。成功的銷售秘訣在於：將顧客的需求和產品能爲其帶來的好處巧妙地聯繫起來。

真正幫助導購員實現銷售的是產品的好處。每個產品都有很多好處，每個顧客都有不同的需要。顧客對同一產品的好處的需要也是不同的。因此。終端導購員應針對不同的顧客，因勢利導，找出產品的不同好處，以滿足顧客的不同需要。

一般來說，推薦產品主要有以下四個步驟。

1.確認需要

讓顧客確認你已經瞭解了他的需要，並予以認真分析對待。因此，導購員在向顧客介紹產品的好處之前，應先肯定顧客確實存在這些需要。

2.說明好處

說明產品對顧客有何好處，能給他帶來那些利益。導購員銷售的永遠是產品的好處。

3.演示產品

根據顧客的具體需要說明產品的特點和好處後，不妨給顧客演示一下產品。演示產品時還要向顧客解釋怎樣使用這個產品，更重要的是要讓顧客親身體驗產品，這樣，顧客才會消除疑慮，增加對所購買產品的信心，才有助於銷售的成功。

4.出示證明

出示有關產品特點的說明、數據等證明，最後用一些數據和資料來證明自己前面所說的一切，以進一步增強顧客對產品的認識和信心，最終促成銷售成功。

四、連帶銷售

顧客的需要是多種多樣的，銷售人員可能只滿足了他的一種或兩種需要。這時候，導購員應該意識到，這裏還存在著銷售的機會。因爲滿足了顧客的一種需求後，自己已獲得了顧客的信任，這時候滿足顧客的其他需求就容易得多。

可以通過介紹相關產品來滿足顧客的其他需要。這是一個連帶銷售的好時機，可以收到事半功倍的效果。導購人員掌握了連帶銷售的技巧，就會顯著提高銷量。

在連帶銷售中有下列問題需要注意：

⑴提問和仔細聆聽回答。在瞭解顧客需要和獲取資訊時，導購員應把握顧客說的每個字。如果能仔細傾聽顧客的談話，將會發現他的其他潛在需要。

⑵在把話題轉到相關產品之前，先滿足顧客已提出的要求。

⑶確保自己介紹的相關產品與顧客的需要和興趣有直接聯繫。

⑷不要給顧客你只對大生意感興趣的感覺。要讓顧客感覺導購是從他的切身利益出發的。

連帶銷售不僅滿足了顧客的多種需要，更重要的是它增加了銷售機會。作爲導購員，每一次銷售都別忘記連帶銷售，它會使銷售的工作事半功倍。

五、送別顧客

導購員迎接顧客、瞭解顧客需要、推薦合適的產品乃至連帶銷售的一系列過程的目的只有一個，那就是讓顧客掏錢購買產品。顧客購買產品後，導購員應再次概括一下產品的好處，委婉地讚揚顧客做出了一個非常正確的選擇。

如果顧客最終沒有購買產品，也不要因此而懊惱，他今天不買並不代表今後不買。顧客就是上帝，如果忘記了這句話，會產生意想不到的負面效果，影響公司的形象。

當銷售過程完成的時候，千萬別忘了感謝顧客，感謝他的支持，送別顧客。爲銷售過程畫下完美的句號。

5 有效的導購管理

導購管理是終端管理的重要組成部分，缺乏有效的導購管理，就喪失了終端零售額提升的助推力。所以，企業必須管理好自己的終端導購人員，激發他們的積極性，釋放他們的最大潛能，共同推動企業的發展。那麼，怎樣進行有效的導購管理呢？主要可以從以下幾方面來做。

一、對導購員進行系統的培訓

1.基礎知識培訓

對導購基礎知識的培訓，可以提高導購的綜合素質，增強凝聚力。這主要包括企業文化、產品知識、企業相關政策、行業知識等。基礎知識是導購能力之本，缺乏了它就好比「巧婦難爲無米之炊」。產品知識更是提升導購員銷售能力的根本，作爲導購員，只有對自身品牌的產品知識和競爭品的產品知識瞭若指掌方能胸有成竹，給顧客講解時才能有的放矢，所謂「知彼知己，百戰不殆」。對導購員這一方面的培訓一定要堅持「定期培訓，長期考核」的原則，考核主要以組織考試，在周會時抽查提問和賣場現場觀察考核三種形式爲主。目標是把導購員

打造成產品專家和技術顧問。

2.推銷技能培訓

推銷技能在產品銷售過程中具有關鍵作用，可謂導購力之源。推銷技能包括商務禮儀和推銷技巧兩方面。培訓方式是互動交流、案例分析等形式，應「長期培訓，定期考核」，目標是把導購員培養成導購專家。如果對導購員的推銷技能培訓不重視，就會導致導購員的銷售能力參差不齊，總體銷售能力偏低，從而影響企業的產品銷量。

3.推廣品牌知識和促銷知識培訓

從企業的角度來講，一個優秀的導購員不僅僅是推銷產品的能手，還是一名品牌的傳播者，是推廣和促銷的執行者。不管是從企業還是從經銷售、終端零售商來看，導購是整個銷售過程的最基層人員，是站在終端的一線人員，是實現企業和消費者之間資訊交流和傳達的橋樑。由於導購員與消費者是零距離接觸，所以他們是企業品牌傳播和推廣的直接執行者。另外，大量的終端促銷活動也離不開導購員的參與。因此，很有必要對導購員進行系統知識的培訓，讓他們掌握基本推廣技巧。尤其是有新品上市時，導購員就顯得更爲重要。導購員還要掌握促銷方面的知識和技巧，這可以通過培訓和現場實踐來進行。在這方面，導購要具備兩方面的能力：一個是能參與企業或商家組織的促銷活動，另一個是要在終端市場有變化的情況下，自己通過價格包裝或贈品包裝等方式開展針對競爭品的臨時促銷。比如競爭品突然開展促銷，而企業又沒有活動跟進，怎麼辦？這個時候，導購就可以在經過請示批准後，自行開展小規模的促銷。以便對競爭品實施有效的終端攔截。

4.收集市場情報能力的培訓

市場瞬息萬變，終端尤其激烈。身在銷售最前沿的導購是能夠最快掌握資訊的，所以，企業必須對導購員的市場訊息情報收集能力進行培訓。如何收集資訊呢？首先要教他們識別有用資訊，其次要明白收集那些資訊。這些資訊一般包括：競爭品促銷情報、競爭品庫存、競爭品終端價格調整資訊、競爭品新品上市資訊、競爭品人員變動資訊。還有賣(商)場方面的許多相關資訊。當上述資訊有變化時，導購員要及時向上級彙報。當然，對導購提供的資訊，企業管理者一定要給予充分的重視。這也是對導購的鼓勵和對他們工作的尊重和肯定。

二、嚴格制度化的考核管理

1.儘量採取直控的管理方式

對導購隊伍的管理儘量採取直控的方式，即招聘、培訓、管理儘量由廠家的專人負責，以培養對企業的忠誠度和掌控能力。

2.建立良好的導購管理制度

在對其工作業績進行量化考核的同時要通過各種手段建立一種良好的管理制度。加強隊伍的組織性、紀律性，一支紀律嚴明的隊伍往往能打硬仗，不能只將業績作爲導購員的唯一考核標準。能否按時上班、能否認真填寫報表等細節問題是真正能反映導購員工作態度、做人原則和責任心的。

⑴應對導購員的每月銷售業績進行考核。每月評選出銷售冠軍、亞軍、季軍並給予一定的獎勵。對末位或未完成任務的導購員給予一定處罰。這種銷量考核不一定以實際銷量爲准，可以同期基數爲准或分配任務爲准。

⑵對導購工作態度進行考核。因爲「態度決定一切」。這一考核主要參考依據是各項表格塡寫情況，現場檢查以及其他各項任務完成情況。對工作態度差的導購員通過引導後仍不改進的要堅決給予辭退。

⑶不定期地開展產品知識、銷售技巧等方面的考試，並且列入考核範圍。

除上述以外，還可以不時地開展一些競賽活動。比如，開展產品解說比賽、「我愛 A 品牌」演講比賽等。一方面提升導購員的銷售能力，另一方面也激發了他們的工作熱情。

3.進行嚴格的考核

管理不可避免地有各種處罰，但處罰不是目的，也不是長久之計，何況處罰也不是嚴格管理的主要手段。要想提高導購員的工作激情，端正他們的心態，主要靠表揚、激勵和正確引導。在管理方面，做到重點明確，主次分明，避免到處撒網，面面俱到。

三、培養導購團隊的凝聚力

1.培育導購員的歸屬感

根據馬斯洛關於人的五大需求理論，人都有得到尊重的需求。企業給予導購員歸屬感就是要尊重他們。在大多數企業，導購員沒有被認為是正式的員工，加之他們工作在最基層，很少受到重視。其實，導購員不僅是企業的正式員工，還是企業人力資源的重要組成部分。如果沒有導購員，企業就不能把成千上萬的產品銷售給千千萬萬的消費者，如果沒有導購員，光靠廣告就不能把品牌形象和產品資訊準確地傳達到消費者心中。因而，企業應充分尊重從事一線工作的導購員，讓他們感覺到自己是企業重要的一分子，感覺到自己的工作能得到企業的認同和尊重。只有這樣，才能獲得導購員的信任，導購員才可能以主人翁心態全身心投入到工作中，才會產生責任感和歸屬感。企業在具體的管理工作中要做到以下幾方面。

⑴在薪酬考核上體現多勞多得，獎優罰劣，讓導購員在工作中得到成就感。

⑵讓導購員參與企業的決策，尤其在終端銷售與管理決策方面，讓他們甘願奉獻自己的青春和汗水，把自己當作企業的主人。

⑶企業是一所大學，人都有學習的需求，儘量給導購員提供培訓學習的機會，在學習中促進他們的成長。

2.滿足導購人員的榮譽感

人不光有物質上的追求，還有精神上的追求。導購員也一樣，他們都希望在工作中得到滿足的同時，精神上也能得到滿足。假如你問微軟的員工：「你在那裏上班？」他會很自豪地大聲回答：「微軟！」因為微軟能給他帶來榮譽感和成就感。對於導購員，企業要充分給予精神鼓勵和人文關懷。在這方面，具

體的做法是：

⑴建立完整的導購員個人相關資訊檔案。當他們或他們的小孩或愛人過生日時，通過贈送鮮花、禮品等祝賀；在重要節假日或導購員生病期間施以關懷；對銷售冠軍可以邀請她(他)的愛人一起聚餐慶賀，體現企業對他們工作的重視和認同。

⑵舉行一些娛樂活動。比如，旺季來臨之前或旺季告捷之後，組織一次旅遊活動。

⑶對優秀的導購員頒發榮譽證書。比如季度、年度銷售冠軍證書、優秀導購員證書等。

3.對導購員進行職業規劃

導購員雖然處在一線最基層的崗位上，但是他們也希望得到個人的發展。人人都渴望進步，誰都不想永遠做士兵。所以，不能認爲導購就沒有職業規劃。在現實中不乏有一些行銷高手，甚至企業中高級管理人員都是從一線導購工作踏踏實實幹出來的。對導購員進行職業規劃，主要從以下兩方面著手。

⑴職業定位：主要是引導他們把自己的工作當作自己的事業來做，而不是簡單地爲了生活養家來打工掙點工資，也不是爲了導購工作而工作，而是要他們把終端售點當作實現自己價值的舞臺，把自己當作經營者來工作，這樣他們才能有所提高。不然，枯燥簡單的導購工作很難讓他們長時間保持激情。

⑵幫助導購員進行職業規劃：「空降兵」時代已成過去，任何人只有做好了基礎工作才能得到提高。導購員一方面要做好自己本職工作，積累經驗，另一方面要敢於挑戰自己，向更高發展，要積極向上，每天充滿熱情、鬥志，提高銷量。

6 經典案例：一位服裝導購員的高超技巧

這是一位服裝導購的經典案例。有一位顧客一進店就挑毛病，一會兒說價格高、會不會是假貨；一會兒又說看不出這衣服好在那兒；試穿後又說感覺不舒服、面料也不好，……面對這樣的顧客，這位服裝導購員展示了自己高超的導購技巧，最終說服了顧客，做成了交易。下面是成交的具體過程。

顧客：這西服的價格也太高了，我記得兩年前並沒有這麼貴，我的朋友曾經買過，368 元 1 件。

導購：您說的沒錯，兩年前我們的西服大多在 368 元左右。200 多元的也有，但是也不是太多。去年「五一」以後，我們的西服價格做了調整，大部分都在 500 元以上。我們做出調整，是因爲公司專門聘請了義大利的服裝設計專家。並且在布料和製作技術上都提高了一個檔次。我們現在主要是銷售高中檔西服，針對像你們這樣的顧客。您看，我們西服的做工和面料和去年有了很大的提高。您可以回憶一下兩年前的西服面料，手感粗糙，厚重，穿著不輕鬆；而現在的面料，手感光滑細膩，毛感強，追求輕薄柔挺，穿著輕鬆隨意，瀟脫自如。這種發展變化也是符合社會變化潮流的，社會在發展，人們的意識和穿著需求也在發展變化。作爲一個服裝品牌，也要緊跟時代的發展變化。假如現在還賣兩年前那種面料的西服，可能您看了也不會選擇的。……現在本市名牌專賣店非常多，您比較一下，在這些名牌當中我們的價格是最低的了。同時，您也會發現在同等價位、同等水準的品牌中，我們的品牌知名度和信譽度可是最高的！

顧客：看不出這西服好在那兒啊？覺得非常一般，也沒好看的顏色。

導購：我們的西服是立體裁剪的，平面掛在展櫃裏看起來就是感覺不到好在那裏（走向模特），你看模特穿的這套就比掛在那裏的出效果一些，如果我找一套合適的號穿在您的身上，效果一定會很明顯地顯露出來。您就會明顯地感受到我們西服版型的優雅所在和穿著的舒適度！您看，我們西服的原版來自歐版，是義大利的設計專家根據近年來的流行趨勢在版型設計上做了很大的改進，肩部寬闊平整，領面稍微窄一些，駁頭豁口稍微上移了一點，收腰收下擺，穿在身上後您會發現把人的正面形象襯托得很有一種積極向上的感覺，後背非常貼體，不後翹。……人靠衣裝，特別是西服，它的版型是非常重要的！穿西服就要把男士穩健、硬朗、修長、挺拔、蓬勃向上的精神面貌體現出來！而且，我們最近推出的這幾款淨面的灰色和幾款條格類面料的款型都是今年春天的最新款，顏色很適合年輕人。您看您是喜歡淨面的還是條格類的？穿上感覺一下（立刻把顧客眼光停留時間長的西服拿了下來）？

顧客：（試穿過程中）我怎麼感覺穿著不得勁呢？

導購：（觀察顧客的穿著合體程度）請問您感到那裏有點不

得勁？是不是有點偏瘦？哦，我看出來了，我給您拿的號型有點小了，請您稍等一下，我馬上給您換個大一點的號再試一下（其實按西服的標準穿法，導購員給顧客試穿的號型是比較合適的，但通過觀察和試穿反映出該顧客喜歡穿寬鬆的衣服）。

（第二次試穿中）您看我們西服的型號設置非常完善，有瘦長型的，也有短寬型的，我們結合北方人的體型特點，在袖籠和胸圍方面做了相應的加放處理，使穿著者在美觀的同時兼顧舒適，使不同體型的人都能在我們的專賣店裏找到穿著合適的型號（指著穿衣鏡對顧客說）。您看您現在多精神，帥氣了好多（看到顧客還在猶豫，拿著試過的西服，攤開在顧客面前）。現在我再給您介紹一下我們西服內在的優點。您看我們西服的內在做工很有它的獨到之處，您看這扣眼，針腳光滑和細密的程度在千元以內的品牌西服，中是找不到能和它相媲美的。其實，看衣服的做工有一個最簡單的好方法，那就是看扣眼，如果連扣眼這麼明顯的部位都做不好的話，那內在的做工就根本沒法保證。反過來說，如果連扣眼這麼細小的部位都能做得很細緻，那麼內在的做工就更是細緻有加了。因爲服裝的做工品質和生產廠的生產設備有很大關係，做扣眼的設備和其他的一系列設備都是一條流水線上的。所以，從一個小小的扣眼就能判斷整個服裝的做工品質（再攤開西服的袖籠內側）！另外，您看我們西服的袖籠內側，全是手工縫製定型的，這個做工工序您在其他千元以下的品牌西服中也是少見的。這是我們的老總當年創業開縫紉店時自己創新製作的，現在企業發展大了，產銷量增加得非常大，但這道手工縫製的工序從沒省略。這道工序保證了袖籠穿著舒適，即使進行大量活動時也不易開線，同時使肩部更加飽滿、平滑、自然。您看這些方面我要是不介紹的話，您很難發現這些優點。當然了，在您以後的穿著過程中，您還將會發現和體會到我們西服更多的優點的。

顧客：面料咋這樣啊？這麼輕？這面料好像很差。……

導購：您說的是表面現象，現在的面料和以前的面料相比是變得輕了、薄了，手感柔軟了，這正是當今服裝變化中「人性化」的一面啊！當今社會人們面臨的生存生活壓力越來越大，減壓是當務之急。服裝變得輕了，使穿著者也自然會感到身心的輕鬆，所以服裝面料的選擇標準也發生了變化。而且，我們公司的面料採購員都是非常專業的，都是面料方面的專家，在面料方面，您不用過多地擔心。我們專賣店賣出的服裝都是有品質保證的，廠家從面料的採購到生產出廠每道工序都有嚴格的品質監控體系，我們售出的服裝在 6 個月內出現嚴重品質問題是要給顧客原價保換的。

顧客：現在社會上假貨太多了，你們這個牌子的西服有沒有假貨？我要是買到假貨怎麼辦啊？

導購：是啊，現在社會上假貨太多了，也正因爲這樣，所以我們公司在同行業較早地實行了服裝專賣體系。我們的貨不進批發市場。全是從生產廠到各省級銷售分公司，由分公司直接發往各專賣店。這種銷售管道是不會有假貨的。而且，我們的西服有獨特的商標，您看，這是我們的商標（讓顧客看西服的商標）。買了我們的服裝如果擔心買了假貨，您可以打電話投訴，打當地的投訴電話也好，打公司的投訴電話也好，都會爲

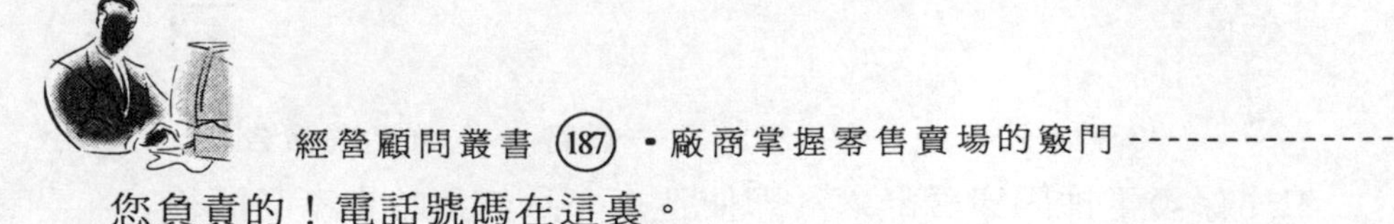

您負責的！電話號碼在這裏。

您看我們的專賣店是真正意義上的專賣店，現在街上看起來專賣店很多，但像我們這樣純粹而且規模較大的專賣店您可能找不到幾家。大多數都是掛一個專賣的招牌，店內還是多品牌銷售，有的店裏您甚至很難找到店招牌的服裝呢！您看我們店裏，清一色我們公司的西服，找不到任何一件別的品牌的服裝。我們是多年經營的老品牌專賣店了，還能爲您做終身洗熨的售後服務，您穿著過程中有任何問題都儘管來找我們，我們店能解決的小問題我們就替你做了，假如還有我們做不到、做不好的事，還有我們總公司呢！這可是在全國有 500 多家專賣店的大集團公司！您儘管放心啊！

就這樣在一步一步和顧客交流的過程中，一點一點地化解了顧客的異議，排除了顧客的疑慮，使一個進店只挑毛病不試衣，怕假貨嫌價高，疑心病重的問題顧客滿意地試穿併購買，而且最後成交時沒有再討價還價（全過程用了兩個小時）。

第 6 章

零售終端店的促銷

市場競爭日趨激烈，終端的促銷越來越成為很多企業短期或者臨時改變現狀的殺手鐧。如何做好促銷，如何讓促銷發揮更大的作用，是擺在企業面前的課題，規避促銷的負面影響對企業來說也是非常重要的。

1 促銷——贏在終端

在日趨激烈的市場競爭中，能夠做出好的產品已不再是企業競爭的唯一重點，怎樣才能打開產品市場、促進產品銷售越來越成爲企業關注的焦點。在現代行銷活動中，每一個企業都不可避免地擔負著促銷者的角色。

終端促銷是指廠家往終端內安排專職、兼職促銷人員，定時定點地在終端內以說明方式對消費者進行面對面的宣傳和促銷的方式。

終端促銷活動與其他市場行銷活動有所不同。企業的產品開發、產品訂價、管道選擇等市場行銷活動，主要是在企業內部或者在企業與市場行銷夥伴之間進行的。而企業的終端產品促銷活動，是要向其目標消費者傳播有說服力的產品資訊，說服消費者前來購買產品。也就是說，終端促銷活動是在企業與其目標消費者或社會公眾之間進行的。

終端促銷是一種說服性的溝通活動。所謂說服性溝通是溝通者有意識地傳播有說服力的資訊，以期在特定的溝通對象中喚起溝通者預期的意念，試圖有效地影響溝通對象的行爲與態度。終端促銷在把產品及相關資訊傳播給目標消費者的同時，試圖在特定目標群體中進行說服性的溝通，喚起行銷者預期的意念，使之形成對產品的正面反應。終端促銷活動的目的在於影響目標消費者的行爲與態度。

現代市場行銷要求企業必須與其產品的消費者、供應商、金融機構、政府和社會公眾進行廣泛、迅速和連續的資訊溝通活動。在企業與其產品的消費者、供應商、金融機構、社會公眾進行的資訊溝通活動中，企業最爲關注的是企業與其目標消費者之間進行的說服性溝通活動。

一、終端促銷的特點

從終端促銷的含義中，不難得出終端促銷有如下特徵。

⑴終端促銷一般是作短期打算，爲了立刻達到目標而設計，所以常常都會有限定的時間和空間。

⑵終端促銷注重的是行動，是要立刻產生顯著的效果，要求消費者或經銷商親自參與。

⑶終端促銷由刺激和強化市場需求的花樣繁多的各種促銷工具組成，隨著市場的不斷完善和發展，終端促銷活動呈現出更強的創新特徵，它比以往的折扣、商店內示範樣品、贈券、產品配套競賽、抽獎、以贊助爲目的的專門性音樂會、交易會、購買點陳列等方式有了更加豐富多彩的內容，還會出現像聯合促銷、服務促銷、以顧客滿意爲目的和標準的滿意促銷等各種其他促銷方式。

⑷促銷在特定時間提供給購買者一種激勵，以誘使其購買某一特定產品。通常其激勵手段爲商品，或爲金錢，或爲一項

附加的服務，這成爲購買者購買行爲的直接誘因。

促銷活動見效快，銷售效果立竿見影，能爲銷售增加實質的價值。總之，促銷的最大特徵在於，它主要是戰術性的行銷方式，而非戰略性的行銷工具。通常，它提供的是短期的強刺激，會導致消費者的購買行爲。

二、終端促銷的積極作用

終端促銷是企業整體市場行銷活動的組成部分。在行業、企業、產品飛速發展的今天，在瞬息萬變的國際國內市場中，在競爭日益激烈的環境下，生產者與消費者或用戶之間的資訊溝通對於企業的生存與發展日益顯示出關鍵性作用。因此，終端促銷活動成爲企業行銷活動的重要組成部分，促銷決策成爲企業行銷決策的重要內容。做好終端促銷工作有重要的意義。

1.為目標市場提供資訊情報

在產品正式進入市場之前，企業必須把有關產品資訊傳遞到目標市場的消費者、用戶和中間商那裏。資訊情報能引起消費者的關注：能爲中間商採購適銷對路的商品提供條件，激發他們的經營積極性。顯而易見，這是企業產品銷售成功的前提條件。

2.有效地維持企業在終端的宣傳

通過人員進店促銷，可以更好地搶佔產品陳列擺放的最佳位置，維持終端宣傳品的宣傳時效和保持不受損壞，樹立企業在消費者心目中的良好形象。

3.有效地加速產品進入市場的進程

當消費者對剛投放市場的新產品還未能有足夠的瞭解和做出積極反應時，通過一些必要的促銷措施可以在短期內迅速爲新產品開闢銷路。比如，讓消費者免費試用新產品，以引起消費者對新產品的興趣和瞭解，從而促進其下決心購買產品。

4.擴大企業產品的消費群體

通過人員進店促銷，可以及時有效地向顧客推薦自己的產品，並使顧客實現購買，奪回其他品牌因各種原因奪走的消費人群，鞏固原有的消費者和爭取到新的消費者，增加產品的銷量，擴大產品的消費群體。

5.引起購買慾望，擴大產品需求

企業無論採取何種促銷方式，都應力求激發起潛在顧客的購買慾望，引發他們的購買行爲。有效的促銷活動不僅可以誘導和激發需求，在一定條件下還可以創造需求，從而使市場需求朝著有利於企業產品銷售的方向發展。當企業產品處於低需求時，可以擴大需求；當需求處於潛伏狀態時，可以開拓需求；當需求波動時，可以平衡需求；而當需求衰退時，促銷活動又可以吸引更多的新消費者，保持一定的銷售勢頭。

6.突出產品特點，建立品牌形象

在競爭激烈的市場環境下，消費者往往難以辨別或察覺許多同類產品的細微差別。這時，企業可以通過有效的促銷活動，宣傳本企業產品較競爭企業產品的不同特點及它給消費者帶來的特殊利益，在市場上建立起本企業產品的良好形象。

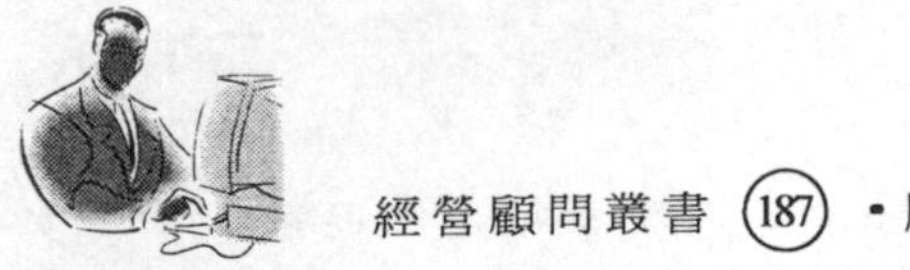

7.說服初次試用者再購買，以建立固定消費群

如果產品具有了承諾的利益，促銷就能幫助企業獲得再購機會，這可以建立起消費者的購買習慣。因此，一個持續的促銷計畫。應設法要求消費者換取贈品，鼓勵重購，以至於形成固定消費群。

8.維持和擴大企業的市場佔有率

在許多情況下，一定時期內的企業銷售額可能出現上下波動，這不利於穩定企業的市場地位。這時，企業可以有針對性地開展各種促銷活動，使更多的消費者瞭解、熟悉和信任本企業的產品，從而穩定乃至擴大企業的市場佔有率，鞏固市場地位。

9.有效地抵禦和擊敗競爭者的促銷活動

當競爭者大規模地發起促銷活動時，如不及時採取針鋒相對的促銷措施，往往會大面積地損失已佔有的市場佔有率。因此，促銷又是市場競爭中抵禦和反擊競爭者的有效武器。

比如，採取減價優惠或減價包裝的方式來增強企業產品對消費者的吸引力，以穩定和擴大自己的消費群體，抵禦競爭者的侵蝕。如果競爭者推出一個有效的促銷計畫，自己也就要推出一個以保持現有顧客爲目的的促銷計畫，以抵銷對方的廣告和促銷活動對消費者的影響。領導品牌的廣告主，爲了維持其市場佔有率，常常採用促銷策略。

10.帶動關聯產品的銷售

促銷不僅能增加某品牌的銷售，也能影響關聯產品的銷售。促銷通過折價、附送等方式，對不同的經銷商和消費者形成了購買價格的差異，正是這種在價格敏感限度內的差異，很好地調整了產品的供求關係，從而帶動了相關產品的銷售。

11.加強廠家與經銷商、消費者的溝通，促進商品交換過程中的互動

通過人員進店促銷，可以及時瞭解經銷商、消費者的意見和建議，掌握自己產品和同類競爭產品的資訊，解決消費者的疑難問題和不滿，保證各種產品的及時供貨並避免造成商品積壓，從而促進商品交換過程中的互動。

三、終端促銷的負面作用

終端促銷除了上述的積極作用外，還可能會產生一些負面作用。

1.促銷可能會降低品牌忠誠度

眾多促銷活動的主要目標是爲了對付競爭對手，鼓勵消費者轉換購買的品牌。促銷活動的層出不窮常常會令消費者無所適從，從而降低消費者的品牌忠誠度。

2.促銷可能提高價格敏感度

經常性的價格促銷提高了經銷商和消費者的價格敏感度，使他們在購買時更注重產品的價格。沒有折扣經銷商不再願意簽署訂貨的協議，消費者持幣待購的現象也時有發生。隨著產品同質化的不斷加強，人們爲了省錢，已不再注重品牌了，誰便宜就買誰的。

3.促銷可能得不到經銷商的充分支持

對於經銷商的折扣和津貼最後一般都要落實到消費者那裏，但進行了多次促銷活動之後，企業發現這些舉措多是為了爭奪貨架空間所做的努力。除此之外經銷商並未對促銷提供什麼實質的支援，而且還可能會造成經銷商的提前購買和轉移。因為經銷商可能會以更高的價格轉手給另一個經銷商，折扣的優惠無法落實到消費者手裏，從而失去了促銷的意義。

4.促銷可能導致在管理上只重視短期效益

如果企業只注重短期銷量的增長，一味採用促銷活動，而忽視產品品質形象的建立，最終會失去品牌的形象。在現實中，不少促銷活動頻繁的品牌在消費者心目中的地位並不是太高。有時促銷反而破壞了產品的品牌形象。

雖然促銷不可避免地存在一些不利因素，但是終端促銷是終端工作在點上的細化和深入，仍是各商家、廠家在終端這一有限地盤上工作競爭的必然，是充分整合宣傳、銷售和售後服務工作的有效途徑。做好終端促銷工作，企業的銷售工作一定會大大提升。

四、終端促銷的概念

終端促銷就是通過資訊傳播和說服活動，與個人、組織或群體溝通，直接或間接的促使他們接受某種產品。

1.終端促銷要素

資訊說服與溝通，終端促銷是一種說服性的溝通活動。

2.終端促銷本質

增進溝通、贏得信任、激發需求、促進購買與消費。

3.終端促銷作用

傳遞資訊，提供情報；激發需求，說服購買；突出特點，樹立形象；造成「偏愛」，穩定銷售；搶佔對手市場佔有率，擴大銷售量。

五、終端促銷的內容

1.終端觀察

終端觀察是要觀察消費者在店頭的購買行動、零售店員工對各品牌產品的態度衛及各競爭廠家的終端市場促銷活動，以便收集充足的資訊，制定自己的行銷對策。

2.終端支援

終端支援是企業對終端陳列、終端宣傳、終端促銷、終端利潤等給予系列的支援。

3.啟動消費

啓動消費是企業通過各種有效的促銷工具和方法協助終端啓動消費者購買。

六、終端促銷的執行

1.活動準備

⑴認真瞭解活動的目的、時間、方法、產品知識（用於新產

品促銷)等細節；

⑵領取活動用具及促銷宣傳品並簽名登記；

⑶將各種宣傳品、用具運抵促銷終端；

⑷和終端負責人(營業店長)聯繫好，就活動事宜做出妥善安排。

2.活動執行

⑴嚴格按照公司要求執行促銷活動；

⑵穿著工作服並佩戴胸卡，表明公司人員身份；

⑶將活動用海報粘貼在醒目位置，高度與視線持平，以營造良好的促銷氣氛；

⑷促銷禮品、宣傳品需擺放整齊、美觀，促銷產品一定要放標籤；

⑸態度積極地向消費者散發宣傳品、介紹活動、推銷產品，語言要得體親切，不可擅自離崗、脫崗；

⑹所有贈出的促銷禮品須及時登記，數量要與售出產品相符合；

⑺促銷過程中出現問題，應及時向促銷主管和零售商銷售代表告知並儘快解決。

3.活動結束

⑴收拾好促銷物品和設備，搞好促銷終端衛生；

⑵清點當日剩餘促銷用品、宣傳品並及時申領不足的用品，仔細保存；⑶交換促銷用品必須登記，非易耗品損壞或遺失須做賠償；

⑷填寫當日促銷活動報告，記錄促銷銷量及贈出禮品，請

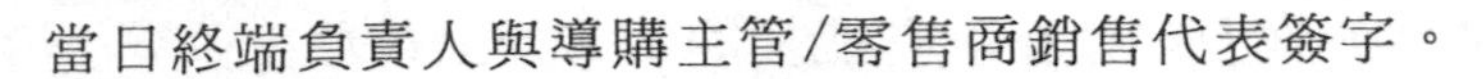

當日終端負責人與導購主管/零售商銷售代表簽字。

七、促銷活動的技巧

1.現場氣氛的有利渲染

氣氛渲染有利於聚集人氣，加上中國人普遍的從眾心理，也可以實現銷售。你可用以下手段渲染現場氣氛。

⑴視覺手段

促銷活動終端現場盡可能多地張貼 POP 海報；

氣球、巨無霸充氣模型；

橫幅、條幅等；

空中汽艇、熱氣球；

整齊、特別的著裝；

散發印有活動說明的小氣球給帶孩子來的消費者，或者散發可以利用的小型精美宣傳品；

特製的高帽子。

⑵聽覺手段

高音喇叭，不停的大聲吆喝；

麥克風、擴音器，播放歡快的曲子；電視錄影或者重覆播放錄影錄音。

⑶表演手段

可以事先找一些參與慾望很強烈的顧客，讓其在現場表演、現身說法。也就是常說的「托」，但是最好不要用「假託」。讓真正的消費者擔任此角色。可用產品或者特製的展示包裝物堆成各種形狀的堆頭，並在所有能插的地方插上氣球。

2.讓人心動的促銷方式

⑴採用拍賣促銷方式

以遠遠低於零售價的價格起拍，限定每次加價金額，最終出價最高者有權以出價購買。現在拍賣已經成爲一種專業的行銷方式了。

⑵採取批量作價方式

購買的批量越大越多，則獲得的價格越低。

⑶限時段買贈的方式

這種方式具有一定刺激性，參與度高，比如有的消費者會說:「看到大家都在搶購,而且贈品也挺誘人,所以就買了一個，反正遲早是要買的，而且挺刺激的。」

⑷憑優惠券打折方式

在夾報、報紙廣告、彩色單頁中設置優惠券，憑優惠券可以打一定折扣。須知佔便宜心理現在還有非常大的市場，尤其是低端客戶非常看重。

再來看看禮品，促銷活動禮品設計也是很有學問的，一般按照以下原則來設計：

1)有用性原則

比如日常易耗品，在批發市場或者從廠家低價採購。運用這種產品消費者不嫌多。

2)珍稀性原則

這類禮品由於沒有賣，價格資訊不對稱，顯得很有檔次，加之看上去很高，但實際並非如此。

3)迫切性原則

禮品，如果是對方急需的，那不論價值多少，都將是最佳的。比如冬天使用的暖手袋等保暖用品就是如此。

4)趣味性原則

禮品要富於情趣，好玩的禮品也是受歡迎的。比如成人智力玩具。

八、促銷人員的技巧

促銷人員(包含終端直銷人員)是最重要的終端資源之一，對其利用的好壞，直接關係到自己產品終端促銷競爭力的強弱和銷售業績的大小。要人盡其用，除了強調其禮儀、儀錶等外，還需要進行含產品專業知識在內的系統培訓。重點是強化營業推介人員在鑑別與左右消費者方面的能力和及時把握消費者發出購買資訊的素質。

1.針對消費者性格傾向出擊

將消費者進行心理性格傾向劃分，大致可分爲省事型、拖泥帶水型、金口難開型、乾脆型。

但不論是對那種心理性格傾向的消費者，都應該教會營業推介人員以無畏不懼、自信等熟客應對心理去面對，以拉近消費者距離增加消費購買行爲。

⑴省事型消費者的特徵與對策

這部分消費者的特徵是：無需多費口舌，只要片言隻語解說得當，就能很快促使其做出購買決定，非常省事省時。

針對性對策：要準確的察言觀色、言簡意賅地解說到位。

⑵拖泥帶水型消費者的特徵與對策

拖泥帶水型消費者的特徵：在做出反覆說明與解釋後，仍然優柔寡斷，仍然遲遲不做購買決定，在做出購買決策後還處於疑慮之間。

針對性對策：需要極具耐心並多角度的反覆說明產品的特徵。在說明過程中要注意有根有據，要有說服力，切忌信口開河、惡意比較。

⑶金口難開型消費者的特徵與對策

這部分消費者對推介說明始終都表情漠然並金口難開，很難判斷他們的心理，是最難應付的一類。

針對性對策：不但要先問、多問，還要根據其穿著與舉動，判斷其感興趣的具體產品及需求方向，設計其感興趣的話題，更要注意順其性格，輕聲緩語的進行詳細、真切的說服。

⑷心直口快型消費者的特徵與對策

特徵：要麼直接拒絕要麼直接指明要某產品，一旦決定購買，絕不拖泥帶水，非常乾脆。但營業推介人員的第一印象會對其產生很大影響。

針對性對策：只說明重點即可，語速可以快一些，但要自始至終以親切的微笑對待，並可以眼神等與其進行適當的提前接觸。

2.及時識別與把握成交信號

對某類型產品有誠意需求的消費者，在自己的察看過程中與在營業人員的推介過程中，是會發生一些較為明顯的成交信號的。如某消費者本來是環視四周的，卻在突然之間凝視著營業人員；再挨近身體與對產品進行重新端詳；點頭表示贊同，等等。如果某消費者在心理上已經擁有了某個產品，他的成交信號就會更爲明確，如：一對夫婦(或戀人)中的一個問另一個「你覺得如何？」。

但作爲營業推介人員不應只被動地去接受消費者的成交信號，還要抓住時機主動營造成交條件。如：主動試探「這款更能適合你，你認爲呢？」，突然詢問「好嗎？」，「現在就爲你開單？」等，以加快成交過程提高成交率。

3.為促銷人員制定激勵機制

如果說上述兩項主要是針對連鎖專賣店等自主性終端賣場，那麼在不能控制的其他終端賣場，對有產品推介權、掌握更多營業主動權的營業人員，不但要儘量爭取對他們進行適當培訓，還要以提成、聯誼座談及其他方式激勵與拉近他們，以增加自己產品的營業受提及率和被推介率。

在決勝終端的時代，終端已被提高到一個前所未有的高度。因爲，在同質化產品、同質化行銷行爲、終端資源同樣有限，補缺揚長的精耕細作高於、勝於行銷上的粗放行爲的條件，誰能精耕細作誰就更能從競爭中勝出。

2 終端促銷的實施過程

一個高效的促銷活動是一個系統工程，是一個完善的過程，需要充分準備和多方面的協調與支持。一個高效、完整的促銷活動一般有九個步驟。

1.確定目標

對企業來說，只有確定了促銷的目標，才能有的放矢，順利完成促銷活動。促銷的目標按其作用對象劃分爲三類。

(1)針對消費者：目標是灌輸某種概念，刺激消費者購買。

(2)針對銷售終端：目標是吸引其主動上櫃，積極推薦，增加庫存，培養品牌的忠誠度。

(3)針對銷售人員：目標是鼓勵他們積極推銷產品，挖掘更多的潛在顧客。

如果站在產品和競爭的角度來考慮促銷的目的。可以簡單歸結爲以下四種。

(1)企業爲了新產品上市的影響力和迅速打開市場進行的促銷。這種促銷的著重點是突出產品的賣點，根據產品定位，找出目標消費群體。

一方面可通過媒體宣傳形成影響力，另一方面可針對目標消費群體的特點進行終端促銷。促銷活動主要是講解產品的賣點，讓現場顧客瞭解並認同這些賣點，使目標消費群體產生購買慾望，再輔以贈品等刺激，最終形成真正的購買行爲。

⑵企業爲了使舊產品退出市場，降低不良庫存，以防新舊產品產生矛盾而進行的促銷。舊產品退出市場前進行促銷的主要目的是減少不良庫存，給新產品讓路，避免新產品推出後新舊產品產生矛盾，使銷售不能良性發展。退出市場前的產品應採取低價或中檔價格外加促銷品的促銷策略，讓顧客確實感覺到給他們帶來了實惠。

⑶企業爲了整體銷量的提升和打擊競爭對手而進行的促銷。爲了提升整體銷售量採取的促銷多集中在淡季、旺季銷量差別明顯的商品上，一般旺季投入大，從廣告到終端促銷競爭都非常激烈。促銷競爭的手段主要是價格和贈品。現在很多企業在競爭中一般以價格戰爲主。如果企業能對市場進行細分，注重行銷的差異化，將會獲得更多的市場佔有率。

⑷爲「反促銷」而進行的促銷。爲「反促銷」而進行的促銷是在競爭對手採取促銷的情況下，爲了遏制競爭對手的勢頭而進行的促銷。促銷似水，水之行避高而趨下，促銷避實而擊虛；水因地而制流，促銷因敵而制勝；故水無常勢，促銷無常形，能因敵變化而取勝者謂之神。在「反促銷」中最關鍵的就是因競爭者的變化而變化。

2.市場調查

促銷策劃必須建立在市場調研的基礎上。

市場調研的內容通常有六項：銷售目標、銷售比率、差異分析、營業目標、同期比較、橫向比較。

促銷市場調研可以在不同地點以不同方式進行。

⑴零售店調研：主要包括零售市場鋪貨率、佔有率狀況、市場價格、陳列情況、產品周轉情況、競爭產品促銷狀態等內容。

⑵批發市場調研：主要指批發市場利潤狀況、產品周轉狀況、競爭品牌促銷狀況、產品堆箱狀況等內容。

⑶蹲點調研(主要競爭品牌)：主要包括競爭品牌的基本狀況、和本企業產品的區別、新產品開發趨勢、銷售狀況、鋪貨及運轉情況、對消費者的專項調查等內容。

3.制定方案

完整的促銷方案主要包括促銷目的、促銷對象、促銷方式、促銷工具、促銷時限、促銷範圍、促銷預算、促銷預期、人員保障、執行監督、應急措施等要素。

4.溝通認同

制定方案後並非要馬上執行，而要讓有關執行人員對方案的意圖、目標、步驟等做詳細瞭解，能夠充分理解促銷目的和目標、明確個人職責、掌握實施步驟，充分激發人員的積極性和主動性。

5.人員保障

人員是實施促銷方案的主要因素，促銷活動需要的人員主要包括促銷員、獎勵兌現員、終端理貨員、市場監督員等。人員保障就是要讓有關人員及時到位，並對人員進行必要的前期溝通和培訓，保證人員素質過硬，能夠勝任本職工作。

6.資訊傳播

促銷是針對第二方的,必須通過 POP 廣告、傳單、口送傳達等方式把促銷資訊快速地傳播給促銷對象，如終端零售商、服務員或消費者，從而使促銷對象快速反應，積極參與到促銷活動中。

7.組織實施

促銷活動組織實施水準直接決定了促銷的成敗。在促銷實施過程中要保證 3 個到位：產品到位、人員到位、兌現到位。產品要及時鋪到終端，並保證不能斷貨，促銷、配送、理貨、監督等相關促銷人員及時到位，促銷品、獎勵要及時兌現。

8.過程監督

在促銷活動中必須派專人指導和督促活動的執行，通常由區域市場主管或促銷部、市場部工作人員負責過程監督，及時發現活動中出現的主觀和客觀問題，嚴密監督產品、人員、兌現到位情況，監督人員的執行能力和服務水準，通過過程監督及時調整策略，解決問題，確保活動執行的到位。

9.效果評估

促銷活動結束後，都應該對促銷的效果進行評估。通過對促銷活動準備、實施和效果的資訊回饋，評估該促銷方案的可行性、執行情況是否達到預期目標、費用是否超支、消費者反應等情況，發現存在的問題，總結經驗，彌補差距，以不斷提高促銷方案創意水準、執行能力和促銷效果，最終實現銷量和品牌價值的雙重提升。

3 如何提高終端促銷的效果

「工欲善其事，必先利其器」，在終端零售業中這一利器沒有別的，就是銷售人員的銷售技巧，就是大眾化的商業廣告，就是促銷活動。「酒香不怕巷子深」，這是傳統的行銷模式，而現代市場必須研究促銷。促銷手段是每個經營者都非常關注的重要環節之一。現代企業經營活動的成功，不僅有賴於正確的商品策略、價格策略和服務策略，還需要運用有效的促銷方法和手段，開展有目的、有組織的促銷活動。那麼，對於企業來說，該怎樣提高終端銷促的效果呢？

1.促銷方案必須有新意、有個性

行銷過程就是創造差異的過程，缺乏差異就缺乏競爭優勢。要創造競爭差異，就必須不斷創新促銷思路和促銷工具，使每個促銷活動都充滿新意和個性。例如，2003 年聖誕之夜，藍馬啤酒在幾大舞廳搞促銷活動，邀請外國留學生一起到舞廳與消費者狂歌勁舞，一起揮灑激情，使整個夜晚都處在高潮之中。藍馬酒成爲當晚消費者唯一能夠傳達和釋放感情的東西，不僅當晚藍馬酒消費量大增，而且藍馬濃厚的美國文化的形象更加清晰和豐滿，品牌形象得到迅速的提升。

2.開展人性化的促銷

一提到終端促銷，許多行銷人員馬上就想到買二贈一、開蓋有獎、集蓋有獎等一些功利性的促銷方式。只有細緻入微地關心並滿足消費者的需求，開展人性化的促銷才能真正吸引消費者，贏得消費者的青睞，最終實現有效銷售。人性化的促銷不僅能給消費者帶來實物利益。而是多了一份往往是意想不到的關懷，從而提升了品牌價值。如某品牌啤酒曾針對高考中榜學生擺謝師宴較多的現象，適時推出「凡在指定終端店舉行謝師宴並消費該品牌啤酒，可免費獲贈燙金紀念照片一幅和祝賀條幅一條」的促銷活動，迅速提升了品牌的精神價值，強化了品牌良好的親和力。

3.必須維持產品終端價格的穩定

不能因促銷而影響終端價格的穩定，否則促銷不但犧牲了當前的市場利益，而且喪失了未來的市場獲利能力。無論採用何種促銷方式，尤其是會直接或間接地導致終端商進貨成本降低的促銷，都要加強對終端零售價格的管理和控制，必須要求終端商在企業限定的價格範圍內進行銷售，對私自降低或過高提升零售價格的終端商應當給予制裁。比如某白酒的促銷策略，對終端商實行買十送一政策，但限定在終端商必須按每瓶 5 元的價格零售，否則取消這項優惠政策。

4.靈活運用促銷工具組合

有效的促銷是一個系統而連續的過程，而不是想到那裏搞到那裏，時斷時續，無的放矢。所以，高效的促銷活動必須事前進行詳細而周密的策劃和部署，針對不同的促銷對象選擇最合理的促銷工具。因促銷對象需求的多樣性也決定了促銷工具的多樣性，如針對中低檔終端店的消費者促銷，就應該選擇直接利益性的促銷工具，如買二贈一、免費品嘗等。而對高檔終端店的促銷，就要選擇文化性、情感性的促銷工具，如情人節時消費某種高檔酒類的消費者可以由店方送給女伴一枝玫瑰，以表祝福。

5.合理控制促銷費用

促銷是一項投資，投資必須要有效益。促銷之前必須對因促銷的實施而帶來的市場效益有一個相對準確的預測，並據此核算促銷投入費用，根據費用的多少再決定促銷工具的選擇和促銷時限的長短。只有這樣才能使促銷費用得到有效的控制，合理控制行銷成本，確保市場效益。

6.提升終端店促銷員的推銷積極性

終端促銷員的推銷積極性高低是決定銷量的關鍵之一。怎樣提高促銷員的推銷積極性？正確而有效的方法是以利誘之、以情感之。刺激最常見的就是銷售獎勵，除此之外節假日、生日送小禮品，或夏季送防曬霜，秋、冬季送潤膚霜等都是有效提高銷售員推銷積極性的重要方式。除了物質利益的刺激外，管理者更要重視加強與終端店促銷員的溝通，誠懇、熱情地幫助對方解決困難，傳遞企業文化和資訊，增進瞭解和友誼，提高終端促銷員對品牌的親和力，使之主動地向消費者介紹企業的產品。

7.加強促銷活動的過程管理

高效的促銷，三分策略七分執行，良好的促銷過程管理決定了促銷活動的有效執行。通過全過程的跟蹤管理，能夠使促銷方案在實施過程中隨時發現問題，隨時進行調整。促銷過程管理要解決好「人」的問題(終端管理人員的協調，終端周邊相關人員關係的協調，營造最好的軟環境。促銷人員的招聘、培訓、安置及每個與促銷有關的人員的崗位責任等)，保證促銷人員到位、促銷品到位。在促銷過程中要及時瞭解競爭對手的資訊，如競爭品牌的現狀、有無促銷活動、對本企業促銷的反應等，並據此制定靈活的應對措施；過程管理要加強物料管理，要制定明確的管理規定，讓每個人都明確宣傳物料的作用是什麼，如何利用宣傳物料，並制定合理的配備和管理的原則。對於贈品，要有專人負責管理，明確發放原則和管理，該發的一個也不能少，不該發的一件也不多發，做到既要充分宣傳，又要節省物料，達到最佳效果。

8.加強促銷員技能的培訓

促銷員的推銷技能對成功交易至關重要。所以，企業應加強對促銷員的技能培訓。許多企業的促銷員都是臨時到社會上招聘的，這些人員的素質良莠不齊。加上培訓時間短、內容簡單，使之對產品和品牌資訊瞭解甚少，往往是消費者一問三不知，或者是缺乏溝通技巧，要麼結結巴巴地、要麼喋喋不休地向消費者介紹產品，很容易引起消費者的反感，這樣，消費者很可能對品牌產生不良的印象，隨即轉而購買其他產品。促銷員的效用不但沒有充分發揮，反而損害了品牌形象，行銷費用又增加了不少。所以對促銷員的培訓十分重要，一方面要重視崗前培訓，對新招聘的促銷員要進行充分、細緻的商務禮儀、溝通技巧、企業文化、企業概況、產品技術、本品牌或產品的特色等方面的培訓；另一方面要不間斷、不定期地對促銷員進行現場教育和再培訓，還要加強促銷員之間的溝通，開好班前班後會，總結經驗、吸取教訓，不斷提高；再一方面對優秀的促銷員要一直用下去，而不是旺季用一陣，淡季解聘，明年再招，這樣企業培訓的優秀促銷員很可能是爲競爭對手培訓的。

4 終端促銷的評估與分析

只有對促銷效果進行深入分析和評估，才能不斷總結和持續改進促銷方案，才能使促銷效果最大化，不但實現了當期消費者的快速提高，還能夠實現這種旺盛的消費力長久保持。促銷評估需要考慮的主要問題：促銷前的目標完成情況如何，相關人員的工作達到要求沒有，人員之間的配合是否默契，物料的配置是否到位，是否起到了理想的效果，物料的發放是否按促銷前的要求來發放，這次促銷活動那些地方做的很好，值得以後繼續發揚，那些地方做的不夠，在以後的工作中如何避免等。只有將促銷過程中的得與失全面總結，才能使每次促銷活動都比前一次更上一層樓。

1.評估的具體指標

⑴促銷活動背景(以往促銷情況)

主要包括價格折扣、展示活動、零售廣告的具體描述及其他促銷活動。

⑵日銷量或周銷量

主要包括促銷前銷量數據、促銷期間銷量數據、促銷後銷量數據、從產品類別到賣場的總零售額和消費者人次等。

⑶成本及盈餘資訊

主要包括零售廣告和商品展示在內的促銷活動成本、各種促銷活動的成本以及合作廣告、商業折扣和展示津貼等。促銷長期效果的衡量，一般是定期調查消費者的品牌態度，包括品牌認知、品牌形象和品牌忠誠度等一系列指標上出現的波動變化，由此推出一段時間內促銷活動的效果。

2.事前評估

事前評估就是促銷計畫正式實施前所進行的調查測定，用以評估該計畫的可行性，或以此在多個方案中篩選出最佳方案。事前評估一般有徵求意見和試驗兩種方法。

⑴徵求意見法

這種方法就是指邀請部分消費者對備選的幾套方案發表意見，選出可以得到普遍接受和相對理想的方案。這樣所得到的結論往往比較客觀，具有較高的實際參考價值。

⑵試驗法

這一方法就是指選擇一定地區、在一定時間內對備選方案進行短期試驗性實施。有時可通過變換規模、水準、媒介、時機等瞭解消費者的不同反應變化，根據市場記錄和資訊回饋最終確定實施效果的最佳方案。

⑶事中評估

事中評估就是在促銷活動過程中對其效果評估，主要方法是消費者調查。

調查的內容主要有三方面。

⑴促銷活動期間消費動態：可通過現場記錄來分析消費者

參與的數量、購買量、重覆購買量的增幅變化等。

⑵參與活動的消費者結構：主要包括新老消費者比例，新老消費者的重覆購買數量的增幅等。

⑶消費者意見：主要包括消費者參與動機、建議、態度、要求、評價等。

對以上三方面進行綜合分析，就可基本掌握消費者對促銷活動的反應，從而客觀評價促銷活動的效果。

4.事後評估

事後評估就是在促銷活動告一段落或全部結束後對其產生的效果進行評估。其方法一般有兩種：比較法和調查法。

⑴比較法

就是指比較促銷活動開展前後銷售額的變化情況。在假定其他條件不變的前提下，可對銷售額增幅進行與促銷投資比較，以判斷和評價其實際效果。

⑵調查法

就是對參與促銷活動的消費者進行調查，以瞭解他們對促銷的意見和受影響程度，以及他們由此獲得的利益。

企業在促銷活動進行後，要對促銷效果進行衡量，做好效果回饋，不管是在超市、零售店、廣場或其他地方促銷，都應從以上幾個方面進行效果回饋。這樣才有利於促銷效果的提高和監控。這項工作應落實在促銷的組織中，否則是事先不安排，事後沒人管。

5 促銷的偏失

儘管促銷已成爲當前終端行銷的主角，但促銷氾濫成災也構成不利局面。因此，更應該理性的去分析市場，認識市場，重新深入、全面認識促銷，防止走入促銷誤解。

促銷中存在的誤解主要有下面幾點。

1.片面追求盈利，背離市場行銷觀念

促銷活動實質就是商家與消費者進行資訊的互動溝通。在促銷溝通中，商家是主動的，資訊選擇與安排完全由商家決定，消費者在某種程度上是被動的，商家的運作是有組織的、有計劃的，而消費者的行爲是個別的、分散的。很明顯，商家與消費者之間在資訊、商品知識、理性和專業水準等許多方面是不完全對稱的，商家在許多方面佔有絕對優勢，這樣的促銷溝通非常有利於商家自身。從某種程度上看，這是一種由零售商操縱的溝通活動。而消費者佔有的資訊優勢較少，但是不能由此認爲消費者的行爲是消極的和被動的，完全聽任商家擺佈的。在實際的促銷過程中，不少商家錯誤地利用其絕對優勢單純爲自己盈利服務，甚至不惜損害消費者的利益，從而使其促銷活動背離市場行銷觀念，陷入了被動局面，最終給自己造成損失。

2.認為產品價格越低，贈品價值越高。花樣越多，效果越好

這是一種典型的慣性思維，認爲產品價格越低，贈品價值越高，花樣越多。消費者就越認賬，但是現實中產品價格越低，消費者會這樣認爲：會不會是劣質品，產品是不是有問題呀！贈品價值越高，花樣越多，消費者不斷和你談條件，如果你不給我那個價值大的，不給我想要的，我就不買。企業面對這種情況，可不同的產品配不同的贈品，特價商品要明確告訴消費者爲什麼特價，還要控制好市場秩序，讓消費者走到那裏都一個樣，要規範好市場秩序，並且要在產品價值上做文章，不要在贈品、花樣等次要方面花費過多的資源。

3.促銷宣傳趕時髦，只求轟動效應，常脫離實際情況

比如，現代冷氣機的概念就是提供「健康舒適的室內空氣」，即在「舊四度」，即溫度、相對溫度、氣流速度、潔淨度的基礎上，加「新四度」，即室內空氣品質度、節能度、智慧度、環保度，通過應用不斷智慧化的設備和綜合技術對空氣進行調節，從而使空氣的溫度、相對溫度、氣流速度、潔淨度和品質度符合人們的高品質生活要求。但在最近幾年少數冷氣機零售商爲了尋找新賣點，利用消費者現在對綠色消費的嚮往，借健康、保健、殺菌等字眼進行過度炒作，吹噓健康新概念，把本來比較簡單的技術、功能吹得神乎其神，實際上現有的幾種冷氣機健康技術的作用十分有限，並沒有太多實質性的技術創新。這類企業誤導和欺騙了消費者，傷害了消費者的感情，最終會搬起石頭砸自己的腳。

4.贈品不懂顧客心

贈品的作用可以分爲兩種，一種是引誘顧客重覆購買，另一種是迎合顧客貪小便宜的習性來刺激其購買衝動。而目前一些企業在做買贈促銷時卻沒能好好把握顧客的心態去選擇贈品，不經意間又犯了以下兩種錯誤。

⑴強調贈品價格而非價值，未能迎合消費者最強烈的需求心理

贈品並不是越貴越好，而是越讓顧客喜愛的越好。人的心態就是這麼奇怪，向一般的家庭主婦送飲料還不如送一瓶醬油，但如果向年青人送一瓶醬油卻遠遠不如送一盒飲料有效。促銷贈品的選擇不在於有多貴而在於能根據不同消費群的心理選擇最能打動他們內心的東西。因此，促銷時就得因人而異，根據不同消費群的心態去找他們最想要的贈品。

⑵贈品只是意外收穫，而非誘導顧客重覆購買的源動力

真心公司 2003 年通過買瓜子送紅樓夢金陵十二釵的精緻卡片的贈品促銷，使得某些孩子爲了湊齊想要的人物不斷的重覆購買。而有些企業在做促銷時卻只想著讓更多的人提前購買本類產品，而從未想過怎樣讓消費者多次購買、重覆購買自己的產品。

例如，面對二十五歲左右的鄉鎮婦女、三十五歲左右的城市婦女、六十歲左右的老人，什麼樣式的贈品才能使她們重覆購買自己的產品呢？一是她們正想要的生活用品的組合，如廚房內的小五金系列。二是孩子玩具的一個系列的組合，當小朋友擁有一個「孫悟空」後還想要「唐僧」、「豬八戒」、「沙僧」

來搭檔時，消費者一般都會選擇再次購買有這種贈品的產品。因此，根據消費群的心理特徵選擇一種能吊起他們胃口的促銷贈品促成他們多次購買是買贈促銷的最佳選擇。

5.服務承諾經常打折扣，忽視商品形象的培育，損害了消費者對品牌的忠誠度

在商品技術標準化的行業內，不同廠家生產的同類商品的品質性能差異不大，競爭致勝的關鍵轉移到了顧客服務的滿意服務承諾是否真的兌現，是否別出心裁。在這一方面，有些企業確實做得不錯：24 小時服務到位，延長保修期，海信承諾 7 項免費服務等。但有些承諾服務往往大打折扣，甚至不少企業認爲，服務僅僅是一種促銷手段，而不是產品的組成部分，可以隨意改變服務項目和內容，可以不兌現承諾。這類企業短期內實現了節約開支的目的，但從長期來看，其最終失去了持久競爭力的「活水源頭」，必將被市場無情淘汰出局。

6.促銷缺乏創新與針對性

觀察市面上效果較好，且比較流行的促銷方式，然後採取跟進式的促銷操作方式，是企業常用的手法。這種方法有一定的市場依據，但如果只是生搬硬套，不創新、不改造，其結局也只是步人後塵，效果相差甚遠。

翻開一些大超市的 DM，上面寫的基本都是「買幾贈幾」、「促銷價」、「優惠價」，表明了現在很多促銷活動的實質是「促銷就是直接降價或變相降價」。這明顯是與產品未能建立聯繫的體現。2002 年初可口可樂公司的「酷兒」產品上市時，由於產品定位是帶有神秘配方的 5～12 歲小孩喝的果汁，價格定位也比果汁市場領導品牌高 20%以上。當時，在激烈的市場競爭以及新品並不被消費者所廣泛認知的情況下，鋪完貨以後，產品周轉比較吃力，銷售狀況不理想，很多業務員強烈要求將產品進行降價促銷，與市場果汁飲料領導品牌抗衡，試圖通過價格和產品兩大勢奪得市場的大佔有率，從而後來居上，獲得了競爭的勝利。最終，市場部經過研究，頂住了強大的銷售壓力，走出了促銷創新的新路子：既然酷兒上市走的是「角色行銷」的方式，那我們就來一個「角色促銷」。於是，買酷兒飲料贈送「酷兒」玩偶，在麥當勞吃兒童樂園餐送酷兒飲料和禮品，酷兒幸運樹抽獎，「酷兒」臉譜收集，「酷兒」路演……雖然沒有出現像很多產品一樣做完價格促銷後的火暴現象，但銷售卻是一路走高，產品成長期特別長。時隔 3 年，現在依然暢銷，而不像國內一些品牌，「來也匆匆，去也匆匆」。

那麼，任何一個其他果汁產品能運用酷兒產品的促銷方式嗎？答案是否定的。這也是酷兒促銷創新能取得成效，酷兒產品能取得長久成功的重要原因。這反映許多企業做促銷活動，根本就不管自己的產品是什麼，有什麼特點。如果有針對性地找到產品的特異性，就可不必看到市場上某一促銷活動搞得火暴而照搬照抄，這個時候，就可大膽地實施促銷創新活動。

7.不正確地運用促銷時間

有一家飼料企業，該企業原本效益很好，也沒做過促銷，後來其他企業後來者居上。這家企業慌了，急忙召開銷售人員會議。銷售人員沒有不抱怨的：人家企業促銷做得多好，農民買一包飼料可以得到一件襯衫，經銷商做大了可以去「新馬泰」

六日遊。企業一商量，這不難，我們也可以做。

每年 6～8 月是農忙時節，農戶都忙著雙搶，養殖業是淡季。企業想，淡季一定要刺激農民，誘導農民購買。於是，該企業製作好了襯衫，後面是產品廣告語，前面是企業的標識，確實非常漂亮。可是到了 7 月底，銷售人員從市場回來，沮喪地說：怎麼這麼晚才給市場發放促銷品，別人早就做了。原來競爭企業在 5 月底就將襯衫全部發放到位，因爲農民在那時根本沒有時間去購買飼料，幾乎都在先前買好飼料，那時你的襯衫還在加工企業做呢。

8.誇大促銷作用，不注重產品品質的提高，很少開發新產品

好多企業捨得花費巨額廣告費，但是在技術改造、產品品質提高上卻捨不得花錢，不願意在企業內部管理上下苦功，不願意提高服務的品質，一味地寄希望於促銷創造銷售奇蹟。結果往往是消費者花了冤枉錢，其需求得不到滿足。這類企業在行銷管理上犯了「近視」的毛病，走向日暮途窮的境地是最終的結局。

9.急功近利，忽視對顧客忠誠度的培育

通常說，企業搞促銷不外乎要達到三個目的：第一，從競爭對手那裏搶客戶；第二，給自己的客戶一個回報；第三，刺激新客戶的購買。那麼企業的市場部在策劃促銷時要達到什麼目的呢？這恐怕是他們很少思考的問題。而實際上，企業在抱怨消費者缺乏忠誠度的同時，自己卻從來沒有將忠誠的消費者和一般的消費者分別對待，企業一年做 100 次促銷的也只是爲

了促成更多的人在一個時段內購買自己的產品。

對於某些能讓消費者多次購買的產品特別是單品金額較大的產品來說，在消費者第一次購買後給他一張會員卡，在平時給予適當優惠，在促銷期更能得到促銷優惠之外的優惠，當這張卡的主人消費到一定金額時還可以向他贈送禮物作爲意外的驚喜，或者告訴他再加上 20 元就可以買到一款其他人需要 80 元才能買到的產品。這樣做一定會獲得消費者的忠誠。有條件採用這種促銷手段的企業如果將臨時促銷與這種長期促銷結合起來使用，效果自然會隨著時間的推移而得到體現——用臨時促銷搶競爭品的客戶或是吸引新客戶購買，用會員卡引導忠誠客戶長期購買，雙管齊下，各取所需。

10.一味打折降價

毫無疑問，現在低價促銷成了促銷活動的主要內容，很多企業覺得用價格當作促銷工具，將降價當作促銷活動，戰無不勝。但降價促銷是一把「雙刃劍」，刺傷了別人，也刺傷了自己。所以，促銷創新如果能讓價格不受促銷活動的影響而下跌，繼續保持穩定且又能讓促銷效果良好的話，將是促銷創新的極大突破。

這裏有一個牛奶業的案例。一家奶飲料企業進入一個壟斷性市場，在強大的競爭對手採取買八贈二促銷形勢的逼迫下，知道銷量和利潤都將有可能受到極大損失，兩頭都不能保，毅然孤注一擲，反其道而行之，希望能力保利潤值。於是，區域經理大膽地將產品進行提價和管道促銷(產品每箱提價兩元，給中間商比以前更多地返利)，每箱一元錢的「多餘」利潤用在公車的車身廣告上。這樣一來，反而出奇制勝，不但擊破了對手的陰謀，市場佔有率竟然從原來的 5%提高到近 20%。產品價格也提高到兩元一箱，利潤絲毫不受損失。更爲重要的是，品牌的知名度和形象得到了很大的提高，在消費者心中樹立了高檔品牌的形象。當然這和消費能力相對較強，消費者對提價不太敏感有關，但這種破天荒式的提價促銷方法卻是許多企業需要學習的。它毫不留情地否定了許多企業「只有降價促銷，才能贏得競爭的勝利，才能打敗對手，才能奪得更高的市場佔有率」的謬論。

促銷活動與降價活動本是應該儘量避免同時使用的兩個行銷因素。首先，促銷活動的開展與價格的降低都會消耗掉企業的資源並削減企業的利潤；其次，促銷本身的意義就是在不調整價格的前提下，通過一些更新而不是最傳統的價格變動的方法來吸引消費者。企業做促銷活動時，儘量不採取降價促銷的方式，這是爲了產品長久的發展和奪得銷售、品牌的雙豐收的需要。可是現在做了促銷，而價格沒降的企業卻很少。所以好多企業是「你方唱罷我登場，各領風騷一兩年」。這樣做，根本談不上品牌的積累，都是在賣產品而已。其實，這就是很多企業缺少像寶潔、肯德基這些保持百年的品牌的重要原因。

當然，如果促銷活動實在必須與價格相結合，那就一定要謹慎地考察消費者對價格促銷還有沒有耐心。現在很多企業將短暫的價格促進變形爲長期促銷、天天促銷，將促進銷售理解爲降價，這是萬萬不可取的！要想用價格工具來促進銷售，一定只能是短期的，如果短期促銷起不到相應作用，長期促銷更

不起作用。

11.「一錘子」買賣

促銷不是眼前的「一錘子」買賣，而是提供優質的產品和長期的服務。每當重大節慶日，企業通常都會發起轟轟烈烈的產品促銷活動，但我們在這熱熱鬧鬧的活動中，一定要警惕和提防產生「一錘子」買賣的行爲，售後服務不願做或長期服務跟不上，形成活動之時客戶是「上帝」，活動過後客戶是「僕從」的局面。這樣，促銷活動激勵的效能就會隨著活動的終止而銷聲匿跡，甚至是起到相反的作用。

12.規模越大，效果越好

做一次促銷活動，非要來個大排場，報紙廣告要牌子硬，場地空間要大，主持人要靚，模特要俏，臨時促銷員要多，宣傳單頁要印上一萬份，場面越宏大越過癮，認爲規模越大，效果越好。其實，事實並非如此，如果終端銷售抓不好，如果執行不到位，細節管理沒跟上，最終只能造成企業資金的浪費。

13.缺乏對目標消費者的市場細分

沒有多少企業的產品面對的是所有人群。基本上都有自己特殊的消費群體。而我們發現，很多企業的促銷活動都想一網打盡天下所有消費者，其實這是促銷的誤解。套用哲學上的一句話：「多就是少，少就是多」，企業的財力、人力是有限的，自然的供給與配置也是有限的。全面開花往往顧此失彼，達不到預期的效果。

其實企業完全可以針對不同的消費群體進行個性化促銷，如啤酒行業，很多企業已經開始爲結婚新人設立婚慶酒宴促銷；白酒行業針對畢業的學子、企業員工的升遷等使用不同的促銷方案，實施不同的促銷禮品；還有的企業針對不同的節日消費人群實施不同的促銷活動，如耶誕節進行滑雪活動，國慶日贈送旅遊票，中秋節又實施家庭套裝優惠，情人節買產品贈玫瑰花等：有的企業依照不同場所的消費者又採取不同的促銷手段，如啤酒行業的很多企業，假如消費者在餐館消費就贈一些新穎的小禮品增加飯桌的氣氛，在酒吧消費就進行「買幾贈幾」活動，讓消費者越喝越多，在小賣部消費就可通過現場刮獎來博彩，又能讓消費者實實在在地得到實惠。

消費者消費習慣不同，消費行爲各異，企業的促銷也需要根據實際情況進行市場細分，才能達到更好的效果。

14.單純追求銷量

當前大多企業都認爲，促銷就是爲了提升銷量，有這樣一種現象，就是每個促銷報告的申請單後面都附上目標銷量。把銷量作爲衡量促銷效果的唯一標準。

其實，促銷不只是只爲預定目標完成銷量，而是以挖掘客戶需求來激發購買。促銷目標不應僅局限於銷售目標，而是一些更大範圍的溝通與傳播目標：資訊傳遞的到達率、新產品認知率、知名度、美譽度的提升指數，品牌形象的強化程度和老用戶的回頭率和忠誠度等指標都應成爲企業的促銷目標，而不僅限於銷售量的短期提高和銷售目標的一次性完成。還有不少經營者認爲，促銷的目的是爲了提高市場佔有率。從字面上看自然沒有錯，但這樣的主張也應該是有條件、有前提的，決不能不顧市場實際，而一味地想通過促銷手段盲目地擴張市場佔

有率。

15.旺季促銷，淡季沒有動靜

這是典型的臨時抱佛腳的行爲。淡季靜悄悄，旺季匆匆上陣，效果肯定不會好到那裏去。一則促銷活動需要一個比較穩定的持續性，才能產生作用，一兩次促銷根本起不到什麼大的作用；二則旺季促銷活動成本高，淡季成本低，旺季促銷活動過於集中，造成銷售成本上揚；三則淡季不去總結經驗，到了旺季臨時上陣，肯定會存在很多的問題，效果一定很差。

其實，針對這種情況，企業可以制定淡旺季促銷活動計畫，推出針對不同季節的促銷活動，勤練兵，勤總結經驗，旺季活動要繼續，淡季活動也不能忘，保證一個持續、穩定、遞進的促銷計畫。

16.單純追求形式

促銷不是只讓顧客感知其喜歡的行銷形式，而是策劃促進消費的實際內容。

例如有的市場小靈通賣得非常火暴，其實這不僅是因爲它價格便宜，且採用了顧客喜好的行銷形式，更重要的是它的實用性功能已經能滿足目標消費者的需求，同時它綠色環保、使用便利等特性給該業務注入了更多可促進消費的實際內容。由此可見，如果產品不能及時策劃並挖掘出其可促進顧客消費的實際內容的話，再好的促銷形式，也不會贏得廣大消費者的青睞，不會取得理想的行銷效果。

對於促銷之中存在的誤解，企業必須要有足夠的認識，只有這樣才能防患於未然，減少一些沒有必要的彎路。

6 小型零售終端店的行銷攻略

一、提高小型零售終端銷售店的積極性

(一)打消顧慮

小型零售終端資金較少，屬於小本經營，每次進貨的數量少，進貨頻率較高；抗風險能力較差，經營比較謹慎，對新上市的產品或未曾銷售過的產品往往持懷疑態度。廠家可以採取適當的措施打消小型零售終端的顧慮，激發他們進貨的積極性。

1.承諾可調換貨物

向他們承諾銷路不好，可以調換本企業的其他暢銷產品。

2.承諾無條件退貨

企業對自己的產品在某些小型零售終端的銷售前景充滿信心時，可以承諾無條件退貨，免除小型零售終端的後顧之憂，降低商品滯銷給他們帶來的風險。

(二)合理利潤

1.利潤是小型零售終端的第一要求

小型零售終端的店主都很「現實」，如果賣的產品賺不到錢，任憑業務員說得再好，他也不可能幫助企業銷售產品，小型零售終端「唯利是圖」的特點是非常明顯的。跟經銷商相比，小型零售終端很難得到企業返利的機會，更不要說企業的促銷支援、設備提供了，一年辛苦所得，只有微薄的價差利潤可以賺取，因此如果有某個新產品許以高額價差利潤，小型零售終端就會優先考慮作重點推薦。

如果沒有較高的利潤空間，即使是名牌產品，也會遭遇小型零售終端冷處理或排斥，所以薄利多銷並不適合小型零售終端。即使像寶潔這樣的名牌產品，要激發小型零售終端的積極性，也必須保證小型零售終端有合理的利潤空間。

2.新產品要留有充裕的零售利潤空間

在新產品上市制定價格策略時，一定要做足價格文章，要在零售環節留有充裕的零售利潤空間，保持新產品銷售的高利潤優勢。對新產品來說，價差利潤必須高於競爭對手同類產品在當地小型零售終端的利潤。而名牌產品也應接近平均價差利潤。一般而言，引起小型零售終端銷售興趣的利潤臨界點，新產品爲 20%，成熟產品爲 10%。

3.縮短通路提高小型終端的價差利潤

以往的傳統銷售管道是由企業下設一批、二批和三批，產品至小型終端手中已經過層層轉手，導致小型零售終端得到的進價過高，自然價差利潤小，企業可以通過縮短通路的手段來提高小型零售終端的價差利潤。

(三)利益激勵

在零售環節中，企業對大型零售商一直給予特別關注，而小型零售終端往往被忽視。

目前很少有企業制定專門針對小型零售終端的獎勵政策。

每個企業都會有一套銷售獎勵方案，不過這套方案主要是爲各級經銷商、大型零售商設計的，門檻很高，小型零售終端就是再努力也享受不到這樣的銷售獎勵。

各小型零售終端的經營業績差別較大，其中也有一些小型零售終端在某些商品的銷售方面有著不俗的表現。企業也應針對小型零售終端制定門檻適宜的銷售獎勵政策，讓他們有機會嘗到大量銷售的「甜頭」，從而激發小型零售終端銷售某種產品的積極性。

對於小型零售終端的利益激勵常用方法如下。

1.隨貨附贈

整箱的大包裝中附贈獎金、贈品和分值卡等，以刺激小型零售終端以整箱爲單位進貨，有效刺激小型零售終端大量進貨。

2.配貨獎勵

爲激發小型零售終端的進貨熱情，促進產品銷售，根據不同情況，可對部分產品實行配貨獎勵措施，如某日化企業實行袋裝洗髮水 10 配 1，花露水 20 配 1，空氣清新劑 24 配 1 的配貨獎勵政策，配貨獎勵是進貨時就兌現的。

3.返點獎勵

根據小型零售店每月度或季度累計銷售回款總額，制定獎勵政策，並及時兌現。比如銷售 210ml 的洗髮水，月度以供貨價格回款累計達 1 萬元，則另行給予 5%～10%的獎勵。返點獎勵是在一定時期後達到獎勵標準才兌現的，是事後獎勵。

企業在確定累計折扣的起點及不同檔次時，應考慮淡旺季、市場成長度、其他同類商品銷量和本商品銷量變化等。獎勵的方式不宜採用現金方式，應以獎勵企業的產品或其他類產品爲主。

4.隨機抽獎

隨機抽獎即不定期抽獎，既激勵了小型零售終端，又不會誘發其降價銷售，小型零售終端爲了得到更高的獎勵，往往會降價銷售。如果企業採用不定期抽獎的方式，使小型零售終端不知道確切的額外利益，自然不會輕易降價銷售。

5.店面支持

企業可以把給小型零售終端的獎勵轉化爲其他形式的回饋，比如提供店牌、裝飾店面以及提供銷售設備等。這些利益激勵手段更能和競爭對手形成差異，在提供利益激勵的同時，也做了終端宣傳工作，從而增強了產品在小型零售終端的競爭力。

(四)維護價格

企業在給小型零售終端留下足夠利潤空間的同時，必須加強銷售通路的管理，使價格始終保持在規定的價位上，讓小型零售終端能長期享受到合理利潤。

1.加強價格監控保持穩定

加強價格監控，使價格始終穩定如一，這樣既保障了小型零售終端的利潤，同時也保證了小型零售終端銷售的積極性。

通過業務員定期巡查、走訪，在做好理貨的同時，督促小型零售終端遵守區域零售價格標準，通過取消銷售獎勵和支持的處罰措施來維護零售價格體系。

2.防止大賣場的低價衝擊

往往有這樣一種現象，每當在一塊區域裏有一家大賣場開業以後，該賣場周圍的小型零售終端的銷售額就明顯下降。這是因爲大賣場有明顯的價格優勢，對小型零售終端產生了強大的衝擊。有時大賣場內一些名牌產品的零售價(會員價或特價)比小型零售終端的進貨價還低，小型零售終端無價差利潤，就只有拒售該產品。那麼如何防止大賣場的低價對小型零售終端的衝擊呢？

1)產品錯位銷售

在產品進入市場時，把大賣場和小型零售終端銷售的品種或型號分開，各自銷售不同的產品品種或型號，這樣就不會造成太大的衝突。小型零售終端銷售的品種價格不能太高，以中低檔產品爲主，包裝以小包裝爲主。

2)提供促銷補償企業也可以通過提供一定數量的促銷品或促銷裝產品給小型零售終端，和大賣場形成差異，使小型零售終端銷售的產品有促銷品或是促銷裝，以此來抵減大賣場低價銷售的影響，使小型零售終端有一種心理平衡，防止產生抵觸情緒。

3.間接劃分小型終端範圍

在不影響產品市場佔有率的同時，通過適當降低鋪貨密度，間接爲小型零售終端劃分銷售範圍，如相鄰的小型零售終端中每 3 家選取 1 家，從而避免惡性競爭。

(五)促銷支持

定期在一些配合較好的小型零售店做一些促銷活動，此舉對於激勵店主進貨，促進當地消費者購買產品，都具有非常好的效果。

要注意的是，在小型零售終端對消費者開展促銷活動的同時，也要對小型零售終端開展促銷。如果只對消費者促銷，則小型零售終端的積極性會大大降低，畢竟小型零售終端是很「現實」的。要想取得產品推廣的成功，就必須使得消費者和小型零售終端都不落空，這樣才能激發小型零售終端的積極性。

（六）情感溝通

業務員定期上門瞭解小型零售終端的經營狀況、店主的具體需求等資訊，並把店主及其家人的興趣、愛好、生日等都登記在冊，做個性化的感情交流。企業要做好店主關係管理，和小型零售終端建立良好的關係，使其主動向顧客推薦產品。

（七）專業指導

不少小型零售終端是夫妻店，他們缺乏銷售產品的專業知識，在經營上存在很多的盲點和誤解，他們還需借助外部力量來提升自己的經營水準。因此，企業爲小型零售終端提供專業指導，可以大大促進店主對企業的信任與依賴，此舉能長久獲得小型零售終端的銷售支援。

1.指導小型零售終端的銷售工作

企業指導小型零售終端的銷售工作，包括產品賣點的介紹、推銷技巧、商品的陳列展示、POP 廣告的支持和顧客抱怨處理等工作。

產品鋪給小型零售終端以後，可能產品暫時不暢銷，這要求業務人員開動腦筋，發現存在的問題，然後以此爲基礎，找

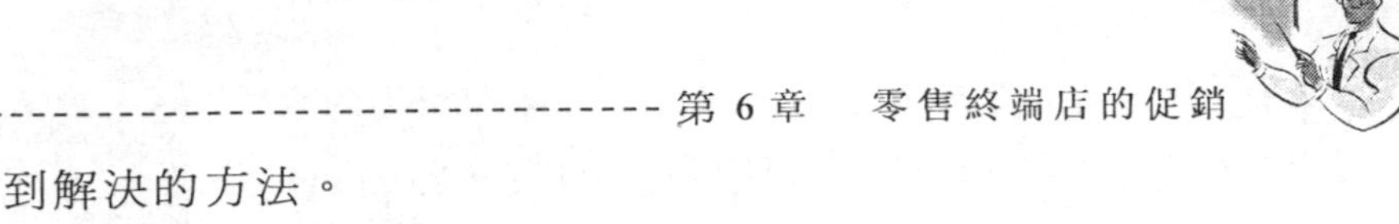

到解決的方法。

2.贈送小型零售店經營指導手冊

企業可以編制《小型零售店經營指導手冊》，最好分期出版印刷，針對小型零售終端遇到的各種問題，給予專業性解答。

《小型零售店經營指導手冊》的內容一般包括：店面的選址，店面的裝修，產品的採購，產品陳列生動化，小型零售店的宣傳方法，促進產品銷售的方法，與社區消費者建立良好關係的方法，以及庫存管理等。

二、提高小型零售終端的銷量

要想增加小型終端的銷量，除了基本的終端包裝、導購、促銷等基礎工作以外，還應做好以下五項工作。

(一)店面陳列

產品銷得較好的小型零售終端都是將產品擺放在位置比較顯眼的地方，要提高產品的銷售量，必須保證其良好的貨架位置和陳列。

小型零售終端店面較小，貨品雜亂，爲促進產品銷售，盡可能將企業產品集中陳列於一處，並與店內各種宣傳品相呼應，營造生動氣氛。

小型零售終端陳列要點：

⑴陳列位置要爭取最好的位置，要靠外側，靠消費者常走的路線，靠市場領導品牌，靠同類商品。

⑵小型零售終端銷售的每一品種、每一種規格均要陳列，

如有試用裝或小包裝，也要用懸掛的方式陳列。

⑶主要品種或規格至少兩個排面，比競爭者要多，越多越好。

⑷已經沒有陳列空間時，可用空箱子在門口做一個產品的箱體陳列。

(二)適銷品種

小型零售店與超市不同，在超市同一產品要選擇盡可能全的品種，爲消費者提供足夠的選擇空間；而在小型零售店，則品種不能過多，只選擇幾個適銷的主力品種，確保產品暢銷。如果提供的產品品種不適合小型零售店，就會造成滯銷。

高檔產品在小型零售店銷量並不大，比如，一些中高價位的產品如果在便民店大量鋪貨，投資大，反而見效小，因爲這裏極少有中高價位產品的重度消費者，其消費過程幾乎不會在小型零售終端發生。

某乳品企業在市場鋪貨時，針對不同的市場情況，在鋪貨品種上就做了區別。在以青年人爲主的新社區，中老年奶粉一般銷量不大，鋪貨的主打品種主要是甜奶粉。而在中老年居住比較密集的區域和醫院附近的超市，則主要鋪中老年奶粉。在效益不太好的廠礦區的終端售點，就鋪價位比較低的品種，因爲鋪高價產品基本上是無效鋪貨，往往很難銷售。這種因地制宜的鋪貨策略，大大減少了產品因不適銷而出現的滯銷現象，增強了小型零售商的信心。

對小型零售終端銷售一段時間後銷不動的品種，廠家要用暢銷的品種把該品種換走，防止長期滯銷品種打擊小型零售商

的進貨意願，影響其銷售積極性。

(三)防止斷貨

如果小型零售終端斷貨，就會爲競爭對手提供很好的市場切入機會，乘該企業產品缺貨之機，競爭品牌擺上本來屬於該企業產品的貨架，從而喪失了銷售機會，有時甚至會失去部分小型零售終端客戶。因此，企業要制定相應的防止斷貨的措施。首先，先少量送貨，試驗出小型零售終端店的銷售量和銷售期限的數據。其次，根據推算的數據，調整送貨量和送貨時間，而不要採取小型零售終端要多少就送多少的方式。

儘管這樣做，也無法完全確定每家零售店的銷量，但對於每天固定拜訪小型零售終端的總銷量是可以找到其規律的。爲了掌握每個零售店的總銷量變化規律，還可以把每天每個規格產品的銷量做出明細表，相同路線的明細表放在一起進行比較，畫出銷量週期圖，再根據週期圖來確定不同產品的送貨量，這樣，產品斷貨率就會大大降低。

另外，貨架上經常要補滿貨。高回轉商品至少要有比購買週期多一周的安全庫存。

(四)跑店系統

跑店系統又稱「定人定點定時巡迴銷售」系統，即爲每個業務員劃分一定的零售店數，規定不同類型終端的拜訪頻率，制定每天的拜訪路線，不折不扣、不斷循環地按照規定的拜訪路線進行終端拜訪。

如果能有一支受過嚴格培訓的業務員隊伍，負責小型零售終端的業務聯繫、鋪貨、店面維護和終端促銷等事宜，可以使廠家在小型零售店的銷量得到明顯地提升。因爲廠家通過建立跑店系統，能使每個小型零售終端都在自己的掌控範圍之內。

1.做好小型零售終端的定期拜訪

業務員定期對小型零售終端進行拜訪，一般每週至少對每個小型零售終端拜訪一次，和小型零售終端店主「搞好關係」，瞭解小型零售終端的銷售現狀、遇到的困難及所需要的幫助等。有時拜訪是「聊天」式的，以增進彼此的感情及瞭解；有時拜訪是「生意」式的，以增進彼此的溝通，兩者相互彌補，共同促進。

做到拜訪每家零售終端的時間週期化和固定化，使小型零售終端記住拜訪時間。

從而使他有機會做一些力所能及的合作前的準備工作，這對提高工作效率有很大的幫助。

2.每次拜訪都應填詳細拜訪記錄

在現實銷售過程中，很多業務員注意到了經常性拜訪的重要性，但卻忽視了對拜訪內容的記錄與整理。當一段銷售工作結束時，所得的經驗或數據往往都是感覺上的，由於缺少第一手數據資料，在進行策略決策時顯得很被動。

爲增強拜訪的科學性與系統性，業務員要針對自己所負責的終端零售店，塡寫詳細的拜訪記錄，內容包括拜訪時間、地點、店主姓名和天氣情況、所遇到的問題等。

3.對拜訪記錄數據進行對比分析

所有資料都以小型零售終端檔案的形式，進行詳細的歸類、整理並登記，這也是進行業務分析與市場分析甚至做出市

場決策的寶貴資源及原始依據。

定期進行數據分析，得出第一手結論，有利於制定更爲科學的行銷方案，大大提高了策略運作的準確性。比如如何提高配送效率，如何提高弱勢品牌的銷售機會，如何針對競爭品牌創新促銷方式等。

4.加強對終端拜訪的監督和管理

把填寫拜訪記錄作爲考核員工的評估項目之一，促使員工認真對待拜訪記錄。爲了保證記錄內容的真實性，業務主管要定期拜訪店主，對情況進行詳細瞭解；同時，業務員之間要相互監督，保證記錄的準確性。

終端客情通常主要通過帶金促銷來完成。時下，很多廠家或業務員一談到客情，都是又愛又恨。愛的是客情不用做太多的工作，直接搞帶金促銷，這樣極大地激發了終端營業員的積極性，有利於產品上量；恨的是終端似乎只是「唯利是圖」，誰給的促銷返利多，誰就賣得好，可空間一定，不能無限制的給下去。面對這種情況，真的就沒有辦法了嗎？萬邦藥業公司的做法就是一個值得借鑑的好例子。萬邦藥業在終端銷售的喘消桂靈丹等產品本身利潤空間不大，況且萬邦藥業認爲，單純的用給終端營業員金錢獎勵，不僅容易助長帶金銷售的歪風，而且不利於營業員客觀的指導消費者用藥，存在因爲經濟利益而誤導的情況。爲此，萬邦藥業與連鎖藥店總部聯合推出營業員培訓基金計畫，將利潤的一部分拿出來幫助藥店培訓激勵營業員，培訓既有銷售技巧，醫學知識培訓；也有戶外團隊拓展等培訓。此舉推出，立即得到了各連鎖終端的歡迎，有廠家幫自己培訓營業員，既有利於提高營業員的業務素質，同時也節省了大量培訓經費。而對於萬邦藥業來說，不過就是利潤的一部分拿出來，通過合作培訓的形式，既有效地傳遞了產品知識，培訓了他們的銷售技巧，同時也增進了營業員對公司及產品的認知和好感，而且集中培訓節省精力，容易將工作做透，從而提高了終端的首推率。最值得稱道的是，這種激勵形式有別於單純的返利金額的比拼，容易變被動爲主動，從深層次打動營業員，達到做好終端客情的目的。

在這裏要提醒的是，終端客情維護涉及的對象很廣，廠家應該根據不同對象的特點，有針對性地做好客情維護，真正從情感上打動終端，牢牢把握終端控制的主動權，從而提高產品在終端的首推率，促進終端銷量。

（五）開闢新區

決戰在終端，終端的地位日益重要，尤其是當前廣告受限的情況之下，更需要在終端實現多種功能，想方設法創造需求，實現購買。比如，在醫藥保健品行業有一種新的趨勢就是，在大的終端設立諮詢服務中心或自行設立健康專賣店的越來越多，這就是綜合多種服務功能，變被動等待顧客上門爲搜集顧客資料，進行主動行銷的有效辦法。零售終端工作再多再好，不如自己完全掌控終端做得好；而且要在終端實現更多的行銷功能，如顧客資料搜集、科普教育、免費檢測、體驗、售後諮詢回訪等，都必須借助一定的場所進行。

因此開闢新的終端場所，越來越爲廠家等經營者所認可，不光是在終端零售店設立諮詢服務中心，有的還根據產品特性將服務中心設進了美容院（如祛斑類化妝品）、書店（好記星等學習類產品）、甚至賓館（解酒清煙類產品）；至於直接開設健康專賣店，更是直接形成了新的零售服務終端。

諸多形式的新終端場所的開闢，使行銷進一步變得更主動、更貼近消費者，它更容易實現對消費者一對一面對面的溝通，可以有效排除競爭產品的干擾，資訊傳遞更爲準確有效，而且有利於各種售後服務的開展，積累更多客戶資源，以口碑建立產品美譽度，成倍地形成終端增量，爲持續運作奠定良好的基礎。

終端行銷時代針對終端可做的文章還有很多，這中間既包括各方面的基礎工作，也需要經營者根據市場發展情況和終端的不同需要創造出更多的終端表現形式和工作方法，目的只有一個，就是要有效地向終端索取更多的銷售增量。

7 經典案例：寶潔美髮親善大行動

寶潔公司終端策略值得任何一個企業學習，特別是產品促銷方面，更顯出其不凡的運作能力和技巧。

海飛絲、飄柔一直成功地爲消費者所識別和選用，因爲它適應了消費者的心理需求，也因爲其聲勢浩大的廣告攻勢。海飛絲、飄柔美發親善大行動緊緊抓住了春節人們總要洗髮換新裝的時機，借髮廊的配合，促使消費者使用「飄柔」產品，並借其親善形象提高其購買率，其目的是讓消費者在實際使用中感受其產品的種種優點，而形成購買習慣。

一般的企業都喜歡用買一送一的老方法刺激短線的促銷，但這種形式付出的資金代價比較大，支撐的時間及鋪貨不可能長和寬。於是寶潔公司和黑馬設計事務所認真地分析市場，選擇了能暴冷門的廣告手段，於 1990 年 2 月舉辦了這一次促銷和廣告結合得非常好的活動。

調查資料顯示，當時市區有髮廊 3000 多家，以每個髮廊每天接受 20 個人理髮或洗頭計算，一個月的總洗頭人數就接近市區的總人數，洗髮水的銷量在髮廊中佔 34%左右。如此廣闊的市場，開發潛力巨大。寶潔公司瞄準這一市場，進行了獨特的促銷活動，具體操作步驟如下。

1.選點

選取 10 家完全能代表市區最好水準的髮廊，並且店鋪分佈合理，全都處於鬧市馬路邊。

2.派發

招聘十多位美麗的親善小姐，集中起來對她們進行頭髮生理、洗護常識、禮儀等培訓，並配發很有特色的禮儀服裝和化妝品。讓這十多位美麗的親善小姐配合髮廊的促銷行動。

3.待遇

在整個活動中，不管是髮廊、消費者、親善小姐，還是媒介部門，凡是給活動以支持的都獲得了滿意的利潤。

公司設計了 6388 張洗髮券，給消費者的實際利益是不用買任何產品，只需剪下一張廣告，就可以換取一張免費的洗髮券。就算是沒有收入的學生或家庭主婦，也一樣有機會憑自己的運氣到高級髮廊享受周到的超值服務。

公司給消費者提供了兩種換券方式。

⑴第一周採用到廣州體育館換票的方法

整個宣傳是立體式的：報紙、電視、電臺、街招及髮廊宣傳。結果前來換票的人特別多，直到換完最後一張票，還有 3000 多人在排隊。

⑵第二周考慮到換票者的層面及區城採用了寄信換票的方式

宣傳的主題是：海飛絲有不用錢的免費洗髮大行動，而且以後每週都有固定的票數發出。

每週都是先到先得，每天把信件按區、街道分別做統計分

類，然後有規律地抽選顧客作爲寄發洗髮票的工作目標。親善大行動的宣傳是以每週五《晚報》四分之一版廣告作爲高潮，連續推出 4 周。定報紙篇幅、定媒介發佈時間、定每次不同的換票遊戲規則。在親善大行動期間，星期五的晚報 5 點就賣完了。這樣就大大提高了各種職業、區域消費者的投稿取票報酬率。大行動的親善形象是一個不算特別漂亮但很面熟、很親切的本地小姐，與十多位親善小姐一起爲消費者解答各種頭髮的洗護常識。爲使大行動的影響有一個立體的輻射，區域上做了兩大劃分。中心區域設在市內，主要是免費洗頭的承諾。另一區域設在媒介所能影響的範圍，設一項諮詢獎，目的是用有限的資金使廣告發揮最大的效力。

寶潔用只能拍 5 條廣告片的費用金額舉辦的這次活動，使「海飛絲」及「飄柔」在銷售額比上年同期增加了 3.5 倍。

第 7 章

針對零售終端店的價格控制

穩定的產品零售價格可以保證企業、經銷商、零售商的經營利潤，維護經銷商、零售商的銷售積極性。

隨著產品的逐年暢銷，產品在市場上的價格透明度也越來越高，產品的終端零售價格逐步下降，直到賣穿。

有些企業不當的銷售政策也能加速這一進程，終端價格管控成為終端行銷的重中之重。

1 要管好通路價格

通路價格的變動最終會波及終端零售價格的變動上，要控制好終端零售價格，就要對產品流通的全過程進行控制，首先要對通路價格進行管控，保證通路價格不亂。只有通路價格在企業可控範圍內，才能談得上維持終端零售價格穩定。沒有通路價格的穩定就沒有終端零售價格的穩定，一旦通路價格混亂，那麼控制終端零售價格就無從談起。

一、返利政策與亂價

返利是把雙刃劍，如果運用得當，可以起到激勵經銷商的作用，而一旦運用不當，其結果往往恰得其反，返利反而成爲引發經銷商短期行爲的誘發劑。對於企業來說，應該科學地制定返利政策，充分發揮返利的正面激勵作用，同時儘量抑制返利的負面影響。

1.返利政策的常見偏差

一些企業爲了激發經銷商的積極性，對經銷商實行銷量返利的政策，即根據經銷商不同的銷售量給予不同比例的返利，銷量越大，返利比例越高。

當經銷商無法完成過高的銷售任務時，經銷商為了增加銷量，以獲得高額的返利，必然會不擇手段衝量，如進行跨區竄貨或低價傾銷，往往經銷商通過不正當的途徑完成了搞銷售任務，卻也導致了產品通路價格混亂。

有的企業將其年度銷量壓力轉嫁給經銷商，盲目給經銷商施加壓力，要求達到某一銷量才能獲得返利。一旦銷售任務完不成，經銷商就可能得不到多少返利，甚至虧本，這樣也容易導致經銷商的短期行為，危及通路價格體系的穩定。

2.返利差別的應對策略

1)多用過程返利少用銷量返利

企業對經銷商的激勵，既要重視銷量激勵，又要重視過程激勵。企業在返利政策的制定上，不能以銷量作為唯一的返利標準，而應根據過程管理的需要綜合制定返利標準。

企業在返利政策的制定上，要多用過程返利，少用銷量返利，通過過程返利來加強對經銷商的過程管理。企業可以針對行銷過程各項細節設立種種獎勵，獎勵範圍可以包括：鋪貨率、售點生動化、全品項進貨、安全庫存、不跨區銷售、專銷(不銷競爭品)、積極配送和守約付款等等。

過程返利可以提高經銷商的利潤，從而擴大銷售，還可以防止經銷商的不規範運作，進而培育出一個穩健的市場，保證企業和經銷商長期獲利。

2)不同市場階段返利重點不同

用返利來激勵經銷商，企業首先要弄清楚現階段激勵經銷商要達到的具體市場的目標是什麼，只有市場目標清楚，才能有的放矢，才能根據市場目標制定有針對性的返利方案，才能通過返利獎勵得到企業真正想要達到的激勵目的。

在不同的市場階段，企業的市場目的是不同的，所以不同階段返利的側重點也應不同，如此才能做到激勵目標與企業市場目標的統一。

3)使返利成爲管理經銷商工具

返利不僅是獎勵手段，還可稱爲管理工具。返利既要起到激勵經銷商的目的，又要起到管理和控制經銷商的作用。

因爲返利獎勵不是當場兌現而是滯後兌現的，經銷商的部分利潤是扣在企業的手上的，因此企業就掌握了主動權，對經銷商就有了更多的控制。如果企業返利操作的好，就可以使返利成爲管控經銷商的有力工具。

二、價格政策與亂價

1.價格政策的常見偏差

1)經銷商的價差利潤空間過大

一些企業爲了提高經銷商的銷售積極性，或者爲了和競爭對手爭奪經銷商，往往給經銷商很大的價差利潤空間。過高的價差利潤往往是難以持久的，反而容易對市場造成負面影響。

價差利潤空間過大，經銷商會產生讓一點利沒有關係的想法，而有這種想法的經銷商不止一個。經銷商爲了爭奪零售商，都競相降價，帶動其他產品的銷售，以犧牲該產品的利潤來增加整體利潤。這樣一來，經銷商銷售價格越走越低，中間價差越來越小，不僅把過高的價差利潤跌進去了，而且還會繼續向下跌，這就導致一個高利潤的產品跌爲低利潤甚至負利潤的產品。

2)不同區域市場價格政策不同

不少企業在制定價格政策時，因考慮到不同目標市場消費者購買力的差異、競爭程度的差異，以及企業運輸和促銷費用的差異，在不同的目標市場採取了不同的價格政策。而區域市場與區域市場之間只要存在一定的價差時(價差超過產品運費)，竄貨就容易發生。

如果這種價格政策使用不當，則可能會對市場秩序產生重大影響，有些經銷商甚至行銷人員就會利用這種不同地區的價格差，將產品從低價格地區倒貨至高價格地區銷售。

也有些企業在開發新市場時，往往給予新市場一些特惠的價格政策。但一旦管理不好，這些區域的經銷商就會四處竄貨，擾亂整個市場的價格體系。

3)不同經銷商的價格政策不同

有些企業給予不同經銷商的價格政策也不同，銷量越大的經銷商享受的價格政策就越優惠，如此就給這些經銷商提供了竄貨的條件。

也有的企業執行價格政策不嚴肅，存在「特權價」和「後門價」，憑著與企業高層的人際關係，不同的經銷商就可以拿到不同的產品價格，如此也容易引發竄貨，從而造成市場亂價。

2.價格差別的應對之策

企業要防止通路價格混亂，就既要抓源頭，又要抓過程。

抓源頭就是指企業要制定完善的價格政策，價格政策沒有漏洞，不留下隱患；抓過程就是指企業要對分銷過程中各環節的價格進行管理和控制，保證產品在分銷過程中各環節的價格不亂。

1)價格政策要考慮整個級差價格體系

企業對價格的管理和控制不能僅停留在一級經銷商層面，還要對整個價格體系的各個環節進行管理和控制。

企業必須設計好通路和環節的級差價格體系，企業的價格政策不僅要考慮出廠價，而且還要考慮產品從出廠一直到消費者整個通路各環節的價格，處理好出廠價、一批價、二批價和零售價之間的關係，確保銷售通路各個層次，各個環節的成員都能獲得合理的利潤。每一級別的利潤設置不可過高，也不可過低。過高容易引發降價競爭，過低激發不了中間商的積極性。

2)地區的差異不應造成價格體系混亂

企業針對不同的目標市場制定出不同的價格政策有時是必要的，但必須掌握一個原則，那就是不同地區的價格差異不足以對價格體系造成混亂。

3)實行企業補貼運費全國統一報價制

有的企業爲了防止因地區價格的差異導致價格混亂，就實行全國統一報價制，即全國統一的經銷商提貨價，距離遠的由廠家補貼運費。

4)簽訂合約明確規定穩定價格的條款

爲了保證產品在分銷過程中的價格不亂，企業在和經銷商簽訂合約時就要明確規定穩定價格的條款，在合約中注明級差價格體系，對各級價格進行規定和限制，並制定違反價格政策的處理辦法。對於不履行價格政策的經銷商，要及時嚴格地執行處罰。

有的企業還從經銷商所交的預付款中，提取一定比例作爲穩定市場價格的保證金，如發現亂價行爲則予以扣除。

5)產品的供貨價就是經銷商的出貨價

如果企業既想給經銷商的理論空間大一點，又要保持價格的穩定，有一種做法就是，企業給經銷商的供貨價就是經銷商的出貨價，經銷商平進平出，中間沒有價差，經銷商的利潤完全來自於企業返利。實力較強的企業與經銷商合作時，就可以採用這種方法，但要注意返利的週期要短，一般要月返或季返，經銷商的經營利潤要較高，而且產品要暢銷。

三、通路促銷與亂價

1.通路促銷常見偏失

有些企業頻繁使用進貨獎勵等通路促銷，甚至以此來壓銷量，這種做法是非常危險的。對於經銷商來說，其經銷網路和零售客戶是相對固定的，因此其終端消化量也是相對穩定的，如果終端消化不了經銷商的大量庫存，經銷商就會把價格降下來銷售或到處竄貨。也就相當於在「進水口」猛壓，而「出水口」消化不了，經銷商低價拋售或向外竄貨就是自然而然的事情了。

1)促銷資源變成降價資源

爲了促進銷售，企業常開展一些階段性、區域性的通路促銷活動，如向經銷商提供一些費用補貼；或採用進貨附贈的方式，以贈品、促銷品爲誘餌，刺激經銷商進貨。通路促銷確實可以在一定程度上提高經銷商的進貨積極性，同時經銷商爲了把多進的貨銷出去，也會積極推薦該產品。

但是，如果通路促銷力度過大、持續時間過長，經銷商爲取得更大銷量，往往將企業提供的促銷支援和一些費用補貼變成價差補貼，經銷商提前透支獎勵，將取得的促銷資源變成降價資源，形成階段性價差或區域性價差。當企業對促銷推廣、市場價格控制不力時，這一價差就會成爲經銷商降價銷售的根源。

2)通路促銷導致庫存過大

通路促銷刺激了經銷商的進貨意願，加大了其進貨量，提高了經銷商的積極性。但如果過度促銷，經銷商大量囤貨，表面上企業的銷量短期內增長很快，而實際上產品只是停留在經銷商的倉庫裏，並沒有被最終的消費者購買。這不過是一種「寅食卯糧」的銷量透支行爲，無非是將產品從企業倉庫提前轉移到經銷商倉庫罷了。

如果終端消化不了經銷商多進的貨，而形成大量庫存，庫存過大帶來資金壓力，經銷商就會把價格降下來刺激銷售。所以，向經銷商壓銷量，容易造成降價銷售和亂價。

2.促銷偏失的應對策略

1)通路促銷力度不能過繁和過大

通路促銷力度過大，最易導致經銷商間的惡性競爭。同時，促銷力度過大，不但企業利潤損失較大，而且容易引起經銷商過多進貨，最後因庫存過多而拋售，導致價格混亂。

2)通路促銷要與消費者促銷配合

通路促銷時，企業一方面要通過把握促銷力度和時間，來控制中間商的庫存，另一方面要與消費者促銷相配合，來幫助中間商消化產品。這樣，中間商多進的產品才能被消費者儘快購買而使其庫存消化掉。

3)促銷政策要形成一個閉環系統

要形成閉環就不能有漏洞，促銷政策只有形成閉環，才不會產生短期行爲和負面效果。比如，在制定激勵經銷商促銷政策的同時，就必須要有相應的考核措施和獎懲措施，如此才能形成閉環。否則，沒有考核、沒有制約的激勵就是對短期行爲的激勵，只會走向反面。

2 對終端零售商的價格進行管理

一、價格管理延伸到終端

企業爲了更好地控制終端零售價格，就要管理好包括經銷商、二批經銷商直到零售商的全部通路成員，管理得越細，對終端售點的價格控制力也就越強。

企業價格管理最好一直管理到終端售點。與零售商簽訂協定，要求零售商打入保證金，規定不得低於指定價格銷售，如經查有自行降價行爲，按照協議給予罰款。另外，也要從正面激勵零售商遵守價格管理，可以對零售商推出價格執行獎。

用協議來制約、控制零售商的銷售行爲，通過贈送產品、年終贈送紅包或者返利等其他形式來促進銷售，這樣零售商就不至於隨便將價格降下來。因爲降價要付出更多的代價，從而保持終端零售價格的穩定。

二、做好終端價格的監察

在制定了完善的價格政策以後，企業還要嚴格監控價格體系，並及時處理零售商的亂價行爲。企業要派出業務員進行巡視和監督，及時掌握價格狀況，對於違反價格政策的零售商要堅決給予懲罰，如罰款、貨源減量、停止供貨、扣留返利甚至取消其經銷權等。

企業業務員在每次終端拜訪過程中，都要注意產品售價的變動情況，如果遇到反常的價格變動，要及時追查原因。

三、防止因滯銷降價銷售

要對產品在終端售點的銷售情況進行跟蹤，如果有滯銷現象，企業馬上採用促銷手段幫其出貨，或者給其換貨，把不好銷的品種換爲好銷的品種。出現滯銷現象，如果放任自流，終端零售商爲了把庫存的產品儘快銷售完，往往會直接降價銷售，這樣會使整個終端零售價格降下來。

第 8 章

竄貨——管道終端管理的毒瘤

維護穩定、順暢的銷售管道是非常重要的，銷售區域之間的竄貨、倒貨，不但危及銷售中各環節的利益，而且直接影響企業的調撥與控制能力。這樣，會使企業辛辛苦苦打下的江山由此而斷送。

企業必須加強管道的監督和控制，清理管道管理的竄貨毒瘤。

1 竄貨的概念

一、竄貨的概念

竄貨是指廠家銷售管道中的各級經銷商受利益驅動，爲獲取非正常利益，以低於正常的價格向授權區域以外的地區銷售產品，造成價格混亂、市場傾軋，從而使其他經銷商對產品失去信心，消費者對品牌失去信任，它是管道衝突的一種典型表現形式。

發展和穩定是企業銷售工作的兩大目標。廠家首先是要求發展，要不斷地開發新市場，確保銷售量不斷上升。但是，沒有穩定就沒有發展，企業要在市場上站穩腳跟，就必須控制好竄貨，穩定好市場。

竄貨有兩種，一種是良性的自然竄貨，一種是惡性的人爲竄貨。

1.良性竄貨

企業在市場開發初期，有意或無意地選中了市場中流通性較強的經銷商，使其產品流向非重要經營區域或空白市場的現象即是良性竄貨。例如，某企業管道規劃中以 K 地區爲重點培養區，在 B 市選一家經銷商，結果該區域的產品銷售量 60%流向 P 地區。其結果是：

⑴企業在增加銷售量的絕對值的同時，還可以節省運輸成本。

⑵在空白市場沒投入一分錢就提高了產品品牌的知名度，但管道價格體系處於自然形態，等重點經營時再進行整合。

良性竄貨是對市場空白點的自然覆蓋，是對管道的一種有效補充，但是惡性竄貨對市場危害很大，我們通常意義上所說的竄貨是指惡性竄貨。

2.惡意竄貨

惡意竄貨是指經銷商以擾亂市場秩序或以短期利益為主，不以長期合作為目的，使該商品（或某品牌）在當地失去知名度和美譽度，從而使該商品（或某品牌）無法在當地長期暢通銷售的倒貨或銷貨行為。其結果是導致該地企業市場秩序混亂，破壞企業的價格體系。這種竄貨對市場有百害而無一利，如竄貨誘發價格危機，導致管道利潤降低。經銷商的積極性受到影響，產品在通路上形象受挫。一旦危及管道暢通，這個產品的生命就該結束了。

二、竄貨的表現形式

1.經銷商之間的竄貨

眾多企業都是將商品通過經銷商或委託代理商銷售。由於各個地區經銷商實力不同，再加上不同地區市場發育不平衡，需要量有較大差異。甲地因種種原因需求比乙地大，因而產品供不應求，而乙地則銷售不旺。再加上現階段企業考核各地經銷商只重視銷售量、回款率、市場佔有率等硬指標，各地經銷商爲了自己的利益，想方設法完成自己的銷售任務。於是，乙地經銷商往往以平價甚至更低的價格將產品轉賣給甲地區，以獲得銷售利潤，形成乙地銷售看好的一種假像，而甲地市場實際發生了竄貨。長此以往，這種銷售假像會使乙地市場在虛假繁榮中萎縮或者發生退化。其結果，一方面會使被竄貨的甲地經銷商對廠家失望，從而放棄經銷該產品；另一方面，在乙地市場會給競爭者同類產品的品牌以乘虛而入的機會，而廠商若想重新規範和培育市場則必須付出巨大的代價。

2.分公司之間的竄貨

分公司制通常是有很強實力的大企業所採用的一種經營方式。企業在目標市場分派技術人員和銷售人員，建立分公司，分公司自己經營核算，但必須要完成總公司分配的任務，分公司相對獨立於企業，但又隸屬於企業。有時企業給分公司制定的銷售目標太高，分公司與行銷人員爲了完成銷售指標，取得較好的業績，就低價將貨賣給消費需求大的相鄰市場，造成竄貨。其他分公司在自己利益受到侵犯的前提下，便會進行市場報復。這樣一來，造成企業產品整體市場中價格混亂，不但企業的形象受損，總的利潤也會減少，且正常經營也不能進行，最後導致企業產品的整體市場崩潰。

3.企業銷售總部的違規操作

一些企業由於內部管理不完善，總部的銷售人員或市場管理受到利益的驅動，違反公司的地域配額和價格規則，造成各區域供貨平衡失控，市場格局不合理，導致出現竄貨。

4.經銷商低價傾銷過期或即將過期的甚至是假冒僞劣的產品

這種行爲通常發生在那些有明顯使用期效的產品上，如食品、飲料、化妝品等。在這些產品使用有效期快要過期前，經銷商爲了轉嫁風險，維護自己的利益，置廠家信譽和利益不顧，採取低價傾銷的政策將產品銷售出去，擾亂了企業產品的銷售價格體系，侵佔了新產品的市場佔有率。更爲嚴重的是有時經銷商將假冒僞劣的產品與正規產品混在一起銷售，掠奪合法產品的市場佔有率，這會嚴重損害消費者利益和打擊其他合法經營的經銷商的信心，是最爲惡劣的一種竄貨方式。如果企業不對這些經銷商嚴加管理，將給企業以致命的打擊。

5.經銷商的低價傾銷

經銷商爲了達到以點代面，帶動整體銷售，完成銷量任務的目的，選擇一些較爲知名且價格透明，利潤較低的產品低價傾銷。

三、竄貨的危害

竄貨最直接的危害就是導致產品價格混亂。行銷要素中，管道就好比人體的血管。價格就是維持血液正常流通的營養因數。產品從行銷的心臟──企業沿血管輸送到終端，一旦價格出現混亂，將會導致連鎖反應，產生嚴重的後果。

1.經銷商對產品品牌失去信心

經銷商銷售某品牌產品的最直接動力是利潤。一旦出現價格混亂，銷售商的正常銷售就會受到嚴重干擾，利潤的減少會使銷售商對品牌失去信心。經銷商對產品品牌的信心樹立最初是廣告投放，這是空中支持，其次是地面部隊的配合，就是行銷監控，即企業對產品品質、價格的監控。當竄貨引起價格混亂時，經銷商對品牌的信心就開始逐漸喪失，最後拒售商品。

2.混亂的價格和假冒偽劣產品會打擊消費者對品牌的信心

消費者對品牌的信心來自良好的品牌形象和規範的價格體系，竄貨則會破壞這種形象和體系，打擊消費者的信心。「金利來」對此曾有深刻的教訓：「金利來」通過大量廣告宣傳和優質的產品，成功地塑造了「男人的世界」的良好形象，但早期對假貨和竄貨現象監管不力，地區差價達到一倍甚至幾倍，消費者由於害怕買到假貨，不敢購買真假難辨的「金利來」產品，「金利來」作爲名牌的品牌一度受到嚴重的損害。

3.竄貨威脅品牌的無形資產和企業的正常經營

在品牌消費時代，消費者對商品指名購買的前提是對品牌的信任。由於竄貨導致的價格混亂會損害品牌形象，一旦品牌形象不足以支撐消費信心，企業通過品牌經營的戰略將會受到災難性的打擊。企業之所以能在不長的時期內塑造一個名牌，是因爲適逢市場轉型這樣一個時代機會，一旦市場瓜分完畢，企業再想通過白手起家創名牌，那是非常困難的。在市場經濟發達的國家，塑造一個名牌極爲不易。新品牌成功概率只有 5%

左右，也就是說 100 個品牌中 95 個是失敗的。因此，對品牌的完善管理，其實就是一個品牌保值的過程。竄貨問題作爲品牌管理的重要方面，應該引起行銷人員的高度重視。

2 為什麼會出現竄貨

任何事情的發生都有它發生的理由，竄貨也不例外。竄貨現象產生的原因是多種多樣的，或是因爲某些地區市場供應飽和；或是廣告拉力過大而管道建設沒有跟上；或是企業在資金、人力等方面的不足，造成不同區域之間通路發展的不平衡；或是企業給予通路的優惠政策各不相同，經銷商利用地區之間的差價進行竄貨；或是由於運輸成本不同而引起竄貨，一些經銷商自己到廠家去提貨，其費用低於廠家送貨的費用，從而使得經銷商可以竄貨。竄貨的原因主要有如下幾種。

1.企業管道政策出現問題

企業行銷戰略出現失誤是竄貨的重要原因，這種情況主要是因爲企業沒有對市場進行有效的調研分析，不瞭解市場運行狀況所致。

2.制定的銷售目標不切合實際

企業不切實際的銷售目標是出現竄貨現象的重要原因之一。某些企業爲刺激分公司、經銷商、業務員的積極性，盲目下達任務。好像目標就是業績，往往制定過大的、不切合實際的銷售目標，分公司、經銷商、業務員便低價將產品拋向相鄰的市場。企業制定的銷售目標過大，主要是企業沒有進行有效的市場調研，不瞭解市場的情況；不瞭解分公司、經銷商、業務員的銷售能力；不瞭解競爭對手的情況。

3.區域市場劃分不合理

企業給經銷商、業務員劃分的區域市場不合理，是導致管道竄貨的主要原因之一。這種不合理主要表現在區域市場重疊。重疊區就成爲竄貨的重災區。

4.優惠政策有很大差異

如果一個企業對同級的不同市場採取的優惠政策不同，就會導致享受優惠政策相對少的市場的不滿，從而引發竄貨危機。

譬如某企業爲提高產品在A、B兩市場上的佔有率，上馬了一組廣告藉以提勢。但是，基於各方面的原因，企業在A市場投入了大量的廣告宣傳，而在B市只投入了小部分的宣傳。通常而言，廣告宣傳力度大的市場的產品要比廣告宣傳力度小的市場上的產品賣得好。對商人來說，利益就是生命，B市場的經銷商在不公正待遇下，心理極度不平衡，爲了獲得企業給予的最大限度的年終獎勵，就向A市場拋售產品，越區銷售，從而擾亂了正常的市場秩序。

5.價格政策不合理

有許多企業都是採用分銷管道將產品送到消費者手裏的，所以企業所制定的、關係到每一經銷商切身利益的價格政策合理與否至關重要。合理的價格政策可以滿足每一經銷商的需求，可以提高每一經銷商經銷產品的積極性，是增強顧客購買欲，戰勝競爭對手的重要砝碼。然而，現實卻並非如此，不合理的價格政策在實際中比比皆是，其不合理的表現主要是企業在制定價格政策時不對市場進行調研，沒有考慮每一經銷商的實際情況和實際利益。

通常而言，企業會對不同的經銷商(代理商、批發商、零售商等)採取不同的價格政策，使每一經銷商有利可圖。然而，有些企業卻不注重這些，對代理商、批發商採取統一或相差無幾的價格，極大地挫傷了他們中一部分人的積極性，無形中削弱了產品在市場中的競爭力。

6.選擇了不良經銷商

有的企業在經銷商的選擇上不夠慎重，採用的是來者不拒的原則，只要來者願意出錢買自己的產品，不管對方自身的情況如何，都可以成為其產品的經銷商。如果有一個市場只需要一個經銷商，而實際上這個市場有兩三個甚至更多，不可能不竄貨。出現這種現象的原因在於企業急功近利、飲鴆止渴，而且不瞭解市場的實際情況，主觀臆斷。

某品牌酒在市場上比較有名，產品在市場上銷得不錯，自身實力不太強的王某很想成為這個酒廠的經銷商，但是酒廠明文規定：「有資金、有能力的人才能成為企業的經銷商。」王某心知肚明，自己不夠這個資格。正在王某沒有好辦法的時候，打聽到自己的一個親戚與這酒廠所在地區的高級主管有點關係，於是他看准了這個「賣點」，精挑細選了許多東西讓他的親戚找該主管「活動活動」，結果這個主管就批了個條子，指示酒廠的廠長將產品以出廠價賣給王某。廠家迫於壓力，無奈將王某納入了企業的經銷商隊伍，規定王某必須完成和同級經銷商相同的銷售任務。可想而知，能力不強、銷售網路不健全的王某是不可能完成這個任務的。但爲了完成目標，王某以較低的出手價，將產品投向了市場。許多經銷商得知了王某的「降價」行爲後，頗爲不滿，紛紛放棄了經銷這一產品的權利。廠家有苦難言，損失逾百萬。

7.缺乏必要的培訓，缺少溝通

由於企業與行銷管道相關人員缺乏必要的溝通，很多人(包括企業主管、員工、經銷商等)對企業的產品、制度、政策認識不深，和企業形不成命運共同體，這些人想怎麼做就怎麼做(包括竄貨)，不考慮企業的利益及管道對市場的重要性，結果引發許多危機。

8.企業低價出售產品

許多效益不好的企業大多在消除欠債時都採用這種方法，低價出售產品。殊不知，企業的這種行爲爲某些經銷商竄貨提供了價格保障。

9.企業供貨不及時

一些經銷商手裏的產品即將銷完或已經銷完，急需企業發貨，但由於各種原因致使企業發貨延期，經銷商在貨沒到之際，爲了有貨銷，不出現斷貨的情況，就到其他經銷商處拿貨，引起竄貨。

10.缺乏有效的市場監督系統

惡性竄貨存在巨大的危害，就應該將其消滅於萌芽狀態，從而使竄貨的危害降至最低點。這就需要企業建立完善的市場監督體系，並不斷強化這種體系。使各經銷商或分公司沒有竄貨的機會。

11.經銷商見利忘義

導致竄貨的另外一個重要原因是經銷商爲了自身利益，而置企業的利益於不顧。具體表現在以下方面。

⑴某些經銷商、業務員爲獲取最大佔有率的年終獎勵，拼命去做銷售，當本地市場無法滿足他們的慾望時，他們就會越區銷售。

⑵爲降低損失，某些經銷商欺瞞消費者，把過期或即將過期的產品低價出售，導致管道竄貨。

⑶爲消除庫存積壓產品，增加產品銷路，越區銷售。

⑷爲提高與企業談判的砝碼，經銷商之間相互勾結，聯合起來對付企業，企業迫於經銷商的壓力，做出一些無奈的決定，如降低價格給經銷商發貨，增加給經銷商的返利等。某些經銷商看到這招好使，就一而再、再而三地提出無理要求，並做出一些令企業難堪的事情。

⑸經銷商爲了利益收買企業內部人員，比如企業內部管理人員或業務人員，與他們相互串通，爲管道竄貨提供了便利條件。

⑹經銷商跳槽也有可能引發竄貨。例如，一商家本是 A 產品的經銷商，後因這種產品與同類產品相比利益不是太大，就去經銷 B 產品，但他手裏還有 A 貨，爲了回籠資金，就低價處理 A 產品，結果給 A 產品生產企業帶來了許多不良影響。

⑺批發商本應以批發爲主，而某些批發商卻直接接近終端，低價把產品賣給消費者。

12.促銷「惹禍」

企業爲了擴大產品的影響力，提升品牌的形象，適時推出了一些促銷活動。在促銷期間企業有意降低產品價格，某些經銷商覺得這個時候進貨是好時機，價格肯定相對偏低，能給自己帶來更多的利潤，於是就大批量進貨，待活動結束後，以相對較低的價格，將產品拋向市場。

13.假冒僞劣產品衝擊

假冒僞劣產品的存在也是造成行銷管道竄貨的原因之一，它不僅會傷害企業的利益，還會引起消費者的懷疑，失去消費者的信任，更甚者會使當地市場破壞。

⑴一些經銷商爲獲取高額利潤，不擇手段，造假或拿假貨濫竽充數。

⑵某些企業只顧眼前利益，生產不合格產品或自己直接造假，然後低價將產品投放市場，獲取非法利潤。

⑶社會上的某些人員，看到某種產品賣得不錯，就自己造假。

竄貨具有極強的內部破壞力，它可以毀掉銷售、毀掉市場，使企業賴以生存的銷售網路出現漏洞。對此，企業不能視而不見、聽之任之，一定要採取適當的措施應對此危機，加以管理。

3 有系統的解決竄貨問題

只要有流通，就有竄貨。竄貨是一種比較常見的市場行銷頑症，也有人稱它爲「倒貨」，由於竄貨會給原來的銷售網路帶來非常嚴重的破壞，所以很多廠家都「談竄色變」，並且制定了很多嚴厲的政策措施加以制約。

解決竄貨的具體措施主要有以下幾條。

1.堵住源頭

要對付竄貨這種行銷中的頑疾，就要堵住源頭，也就是中醫上講的「固本清源」。企業銷售應由一個部門負責，多部門負責最容易引起價格的混亂，這種現象多源自行政部門對銷售部門的干擾。廠家維持了企業內部的價格體系，並嚴格執行，在一定程度上就堵住了源自企業內部的竄貨源頭。

2.建立有效的資金調控機制

在貨款結算上堅持用現金或短期承兌匯票，建立嚴格有效的資金佔用預警及調控機制。根據經銷商的不同特性（市場組織力、商業信譽、分銷週期、支付習慣、經營趨勢、目標市場容量、價格浮動情況、產品佔有率等）建立產品資金佔用評價體系，將鋪貨量數字化，使發出產品的資金佔用維持在一個合理的水準，防止經銷商因佔用太多產品、資金而形成竄貨的惡性勢能。在當前買方市場的背景下，廠家控制應收賬款顯得十分重要。

3.運用技術手段，加強竄貨管理

爲防止和控制竄貨，利用技術手段來配合和加強對竄貨的管理，採用的形式主要是對銷售產品實行區域差異化，從顏色、規格、包裝、區域編碼等方面區分不同銷售地區。

⑴產品商標顏色差異化：同種產品的商標在不同地區，在保持其他標識不變的前提下，採用不同的顏色加以區分。比如銷往陝西的外包裝採用紅色，銷往河南的外包裝採用藍色。技術高、竄貨成本很高、不宜破壞，能夠較好的起到防竄貨作用。產品外包裝生產規模化、銷售區域劃分過細等因素，都會影響包裝成本。

如果銷售區域劃分過細，會破壞產品的定位和品味，給消費者留下不良印象，對於提升品牌美譽度產生不良影響，得不償失。

⑵產品包裝規格差異化：同種產品的商標在不同的地區，在保持其他標識不變的前提下，採用不同的規格加以區分。比如銷往陝西的外包裝採用盒裝，銷往河南的外包裝採用單位裝。

⑶產品編碼差異化：同種產品的商標在不同的地區，在保持其他標識不變的前提下，利用文字、圖形、字母、郵編、數字或這些圖形文字的組合等標明銷售區域。這種方法技術含量低，破壞防竄貨措施成本低、風險低。竄貨經銷商採取簡單的手段，經過簡單的操作，即能讓原來的防竄貨手段形同虛設。

單一的技術手段防竄貨已經無法有效防止竄貨，而採用帶有防僞、防竄貨編碼的標籤對企業產品最小單位進行編碼管理，是當前許多企業都採用的方法。編碼制是給每一個區域的商品編上一個唯一的號碼，印在產品內外包裝上，採用代碼制可使廠家在處理竄貨問題上掌握主動權。首先，由於產品實行代碼制，使廠家對產品的去向瞭若指掌。避免經銷商有恃無恐而貿然採取竄貨行動；其次，即使發生了竄貨現象，廠家也可以搞清楚產品的來龍去脈，有真憑實據，處理起來相對容易。

產品編碼制主要借助通訊技術和電腦技術，在產品出庫、流通到經銷管道各個環節中，對編碼進行銷售區域、真假等資訊載入。並通過一定的技術手段，追蹤產品上的編碼，監控產品的流動，對竄貨現象進行適時的監控。

以技術手段進行防竄貨是竄貨管理的基礎，其他手段都必須有技術手段支持才能得以實施。

4.制定合理的獎懲措施，做到有章可循

銷售獎勵可以刺激經銷商的進貨力度，但也容易引發價格戰。因此，銷售獎勵應該採取多項指標進行綜合考評。除銷售量外，還應考慮經銷商的價格控制、銷量增長率、銷售盈利率等因素。把是否有竄貨行爲也作爲獎勵的一個考核指標，對於舉報竄貨的經銷商給予獎勵，而對於竄貨的經銷商給予相應的處罰，並重新選擇經銷商。

廠家和經銷商簽訂經銷合約時，應以附件形式將竄貨的具體處罰條款詳細列出來。爲了使合約有效地執行，必須採取一些措施。

⑴交納一定的保證金。保證金是合約有效執行的條件，也

是企業提高對竄貨經銷商威懾力的保障。如果經銷商竄貨，按照協議，企業可以扣留其保證金作爲懲罰。

⑵量化竄貨行爲懲罰條款。同時獎勵舉報竄貨的經銷商，激發大家防竄貨的積極性。

5.建立完善的網路管理制度

加強對銷售網路的管理，建立合理、規範的級差價格體系，同時嚴格對有自己零售終端的總經銷商進行出貨管理。

6.建立銷售體系，做好銷售管道

管道體系的建立包括區域劃分和經銷商選擇，選擇好經銷商，保持區域內經銷商密度合理、經銷能力和經銷區域均衡。

⑴選擇企業戰略區域市場，篩選匹配的經銷商。在制定、調整和執行招商策略時要明確的原則就是避免竄貨主體出現或增加。一旦確定戰略區域市場，在該市場內如何鑑別經銷商的標準可參考的幾個指標：經銷商的資格信譽和職業操守，經銷商的品德和財務狀況、規模、銷售體系、發展歷史等，防止竄貨經銷商混入銷售管道；及時發現和清理竄貨經銷商，控制和穩定市場，防止竄貨經銷商對市場體系的進一步破壞。

⑵合理劃分銷售區域。保持區域內經銷商密度合理，經銷能力和經銷區域均衡。清掃竄貨土壤，讓竄貨沒有寄生環境。

合理劃分銷售區域，保持每一個經銷區域經銷商密度合理，防止整體競爭激烈，產品供過於求，引起竄貨，對於難於劃分銷售區域的地區犧牲部分利益。比如：實行區域專賣，專門爲這些區域商家開發專銷產品，且專銷商只經營一種品牌產品，與其他經銷商的產品區別開來，使經銷商與企業結成利益共同體，經銷商對產品的熱情高，對企業的忠誠度也會提高，企業比較好管理。

例如，某品牌白酒爲了緩解甘肅天水周邊幾個縣城的銷售壓力，將天水作爲零經銷商區，在該區域的市場不設經銷商，把該區域作爲周邊各經銷商調整和緩衝區域，允許周邊經銷商在該區域自由競爭，起到了一定的效果。

⑶保持經銷區域佈局合理，避免經銷區域重合，部分區域競爭激烈而向其他區域竄貨。

⑷保持經銷區域均衡。

7.制定科學的銷售計畫，創造良好的銷售環境，儘量改變引發竄貨發生的背景

制定銷售計畫時，企業應確保產品年度總供求的平衡，年內各時間點供求的平衡，計畫不超過市場容量，避免因市場變化導致供求失衡而催生竄貨。

8.建立監督管理體系

設立市場總監，建立市場巡視員工作制度，把制止竄貨現象作爲日常工作常抓不懈。市場總監是竄貨現象的直接管理者，其職責就是帶領市場巡視員經常性的檢查巡視各地市場，及時發現並解決問題，這樣可以做到防患於未然。

9.及時察覺竄貨行為，迅速查處，防止竄貨擴大和發生管理性竄貨

竄貨發生後，企業應採取手段來處理竄貨。首先要防止竄貨的擴大，允許竄貨者將所竄貨物在被竄貨市場銷售，直到被竄的貨物被完全消化，但銷售價不能低於企業規定的價格；其次，責令竄貨經銷商停止竄貨，由企業或被竄貨經銷商從市場上收購被竄產品；最後制裁竄貨經銷商。

10.充分利用社會資源，建立防竄貨預警平臺

把防僞、防竄貨結合起來，可以充分利用社會資源，進行全民動員，拓展防竄貨管道，加強防竄貨力度，在聲勢上給其巨大威懾。利用消費者對真假資訊的查詢，建立竄貨預警平臺，企業在竄貨經銷商剛開始竄貨時，就能及時知道那個經銷商、何時竄貨、竄貨比例有多大。企業可以根據預警平臺提供的證據，迅速採取對策，確保整個銷售體系的和諧、平順。

11.提高企業產品和品牌競爭力，培養和提高經銷商忠誠度。

防止經銷商竄貨企業和經銷商的合作從形式上看是雙方簽訂的協議，但是真正的結合點是共同的利益，企業要靠經銷賣出產品來獲得利潤，而經銷商要靠賣企業的產品獲得利潤，相對於利益的吸引，協議的約束力比較小。

企業產品的利潤有足夠保證，對經銷商有很強的吸引力，企業不怕沒有經銷商經銷產品，可以輕易換掉經銷商。這樣，經銷商會害怕失去經銷資格而失去利潤，企業對經銷商制定的各種政策對經銷商就具有很強的約束力。要減少政策性竄貨，必須先練內功。

⑴通過各種方式提高企業產品和品牌競爭力，培養和提高經銷商忠誠度。

⑵逐步建立自己的行銷體系，如直銷、專賣店，或者能和企業結成利益共同體，入股經銷商或者讓經銷商入股。逐步擺

脫對各地經營商的依賴，建立強有力的中央集權，樹立品牌權威或強勢。

然而，並不是所有的竄貨都具有危害性，也不是所有的竄貨都必須制止。企業處於發展的初級階段，自身的市場佔有率還不高，且尙有主導品牌控制市場時，適度的竄貨對提高市場佔有率很有幫助，企業只需關注即可，不必馬上做出決策，問題會自然而然地解決。如果兩個不同市場之間相互竄貨，而這兩個市場原來的銷售氣氛都不火暴，那麼竄貨未必就是壞事。因爲經銷商在這種情況下一般投入程度很高，會使用各種手段來競爭，結果就會壞事變成好事，提高市場佔有率。當然有個前提條件是廠家必須把握好度，將整個事態的發展置於自己的完全控制之下，否則就會產生副作用。

竄貨是對廠家品牌和企業經營殺傷力很強的行銷病症，忽視竄貨，有可能導致「千里之堤，潰於蟻穴」，因此，必須對竄貨給予足夠的重視，合理地解決竄貨問題。

第 9 章

零售終端店的維護

「創業容易守業難」。

終端維護就是守業，所以它是零售終端管理工作中非常重要的一部分。如果不能做好終端維護，就會前功盡棄，浪費企業的資源。然而，終端維護是一項長期而艱巨的工作，需要企業持之以恆地堅持做下去，這樣，才能真正保證終端競爭的最終勝利。

1 終端維護的工作要點和內容

搞好終端開發並非意味著終端工作的結束，事實上，只有做好終端的日常維護，才能讓企業的產品保持品牌優勢。終端工作的日常維護繁瑣複雜，但具有極爲重要的意義。可以說，當今銷售員的職能已經開始轉變。在市場軟體和硬體還沒有真正達到廠家與消費者「一對一」溝通之前，終端的日常維護將成爲區域業務人員最爲重要的工作內容之一。相比之下，簽發訂單與收款似乎只是一種工作的結果，而不是工作的主要過程。一般來說，終端維護工作的內容並不是很難，難的是要將這項工作持之以恆，並要一群人按部就班。這對執行者和管理者都是一次能力與毅力的考驗。

一、終端維護的基本工作要點

1.終端堆護的基本工作要點可以概括為以下幾點

⑴檢查終端的硬體。

⑵維護終端的軟體。

⑶加強人員隊伍管理。

⑷加強客戶管理。

⑸傾聽一線的聲音。

⑹收集競爭品資料。

⑺總結經驗教訓。

⑻調整方法與手段。

⑼彙報相關問題。

⑽改善工作方法。

2.終端維護的內容

⑴日常維護：在日常走訪終端時，對產品和 POP 進行維護。

⑵重點維護：對易被競爭對手破壞的問題終端，實施每天維護。週末或節假日終端客流量大，有針對性地提前對其進行維護。

⑶產品維護：產品陳列數量減少或兩側仍有陳列空間的應增加陳列數量。

①銷售：及時補貨，防止斷貨。

②分銷：包括網點分銷、品種分銷。

網點分銷指在不同類型網點，各要達到什麼樣的分銷率；品種分銷指在不同類型網點，各要進去多少個品種規格。

③陳列：產品在貨架上應保持什麼樣的展示狀況(如那個品種應該放在那個位置，應該有幾個展示面等)。

④促銷：定期在店內進行除常規貨架展示以外的產品推廣活動，如在促銷區搭建地堆、組織人員促銷、上商店郵報、進行折價銷售等。

二、終端維護的流程與技巧

對於終端管理員或尋訪員來說，維護好終端主要有以下幾點必須注意。

⑴要堅持完善的工作流程。事先準備和確定工作目標；列表畫圖，整理路線和店名；熟悉並總結工作；堅持不懈，勤懇踏實。

⑵要保持終端生動化。所謂終端生動化就是使企業終端與其他產品(尤其是競爭品)具有明顯的展示差異，使消費者能明顯地看到產品、瞭解並信任企業而產生購買行爲。

2 零售終端的維護方略

終端維護需要企業投入一定的人力、財力、物力，從硬體方面保證這一工作的順利進行，更需要企業掌握有效的管理方法，從軟體方面推進這一工作的正常發展。企業終端維護的不力，關鍵問題在於籌畫和管理的缺失。企業可以事先對將會發生的尷尬局面加強籌畫和管理，採取一些預防措施，如協議維護、人員維護、客情關係、終端管理制度化等。

終端是商品直接面對消費者展售的場所，是企業行銷戰略的必爭之地。日益激烈的終端競爭使得企業不得不使出渾身解數，在終端市場上投入大量的財力和人力來運作。企業提供各種宣傳品、物品給終端，如 POP 廣告、店招、遮陽傘、橫幅、陳列櫃等，不僅僅是爲了起到擺設的作用，更重要的是爲了建立長期的合作關係，結成利益共同體。如果說企業投入大量的人力、財力和陳列設備，而出現擺放其他企業的產品，甚至是競爭品的情況，對企業來說就是一種巨大的損失，同時也暴露出企業在終端管理和終端維護方面存在嚴重的問題。怎樣防止此類情況發生呢？企業又怎樣做好終端維護、管理工作呢？不僅需要大量的人力、財力的投入。而且需要企業有一整套科學有效的終端管理體系。企業應該明白，終端運作系統的有效控

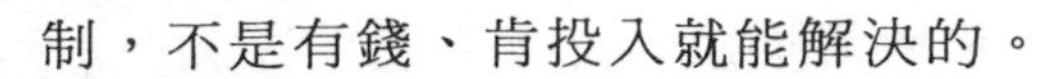

制，不是有錢、肯投入就能解決的。

企業在終端管理工作中採用以下幾點進行終端維護。

1.協議維護

企業往往由於資金有限、能力不足，或者是鞭長莫及，從而對終端疏於管理，造成終端對企業的忠誠度降低。終端今天賣本企業的產品，明天可能就賣其他企業的產品，見風使舵，誰的產品好銷、利潤高，就銷誰的產品。而且作爲銷售管道的末端，所有的企業又是共用的，零售商由於同時銷售多家企業的產品，爲了節省開支，降低成本，提高零售店的整體利潤，就不可避免地會出現例如娃哈哈的專用冰櫃裏擺有統一冰紅茶等競爭品的情況。因此,企業應與零售商簽訂協定，聲明本企業的專櫃不得擺設其他競爭品，否則收回陳列設備或者不返還設備定金等。

2.人員維護

企業對零售終端最直接的支援莫過於人員的支持。爲了加強終端競爭的優勢，企業應該組建跑單員和促銷員隊伍，對終端進行人員支援。由跑單員分區域進行終端開發、終端維護，逐戶拜訪終端，幫助經銷商拿訂單，協助他們開發市場，同時進行終端管理與陳列維護。

終端促銷人員在終端管理中的主要工作如下：

⑴觀察店情。

⑵陳列商品，維護終端陳列。

⑶及時補貨、訂貨。

⑷調換不合格的產品，做好售後服務。

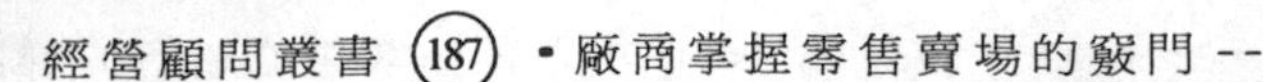

⑸維護終端硬體管理、佈置現場廣告。

⑹瞭解同類產品的銷售狀況。

發現問題及時糾正，經常有人員維護是解決陳列競爭品最直接、最有效的方法。

3.建立良好的客情關係

企業的終端業務員，代表著企業和產品的形象，必須具備一定的基本素質，如強烈的敬業精神、敏銳的觀察能力、良好的服務態度、超強的說服能力等。業務員不僅要說服零售終端購銷本企業的產品，而且還應當幫助他們賣快、賣好，有技巧地指導零售終端的銷售工作。這包括產品賣點的介紹、推銷技巧、商品的陳列展示、POP 廣告的支援、意見處理回饋等工作。在指導終端的銷售方面，寶潔做得非常出色，他們專門爲終端編印了報紙──《店鋪萬事通》，而且免費贈閱。報紙版面精美，內容實用，受到廣大終端的歡迎。

與終端建立了良好的客情關係，就會減少終端工作的阻力，有效地促進銷售工作。在競爭日趨激烈、商品與交易條件差異不大的情況下，終端維護人員能否贏得終端的支援、支援的程度大小，對產品銷售的影響非常大。建立並保持良好的客情關係是解決終端不陳列、少陳列競爭品的重要手段。當然，對終端處罰也是一種方式，但這種通過強硬的方法來維護終端的方法並不是上策，除非企業處於非常強勢的地位。

4.終端管理的制度化

終端管理是一個系統工程，所有工作都應該形成制度化，以便於規範操作、管理和考核。做好終端維護工作的基礎是制定每項工作的標準，例如：每個業務員每天或每週拜訪多少店次，陳列必須達到什麼標準等問題。這些工作必須明確並規範，並有相應的考核。業務員在進行終端拜訪時，發現陳列競爭品要及時維護、指正並對終端店主進行提醒、扣分，若屢次不改，則應該採取一定的處罰措施。

5.關鍵在於產品的銷量

產品的暢銷程度是決定產品陳列的關鍵因素，只有真正解決好產品的銷售問題，才能讓企業的產品成爲消費者喜愛的產品。產品非常暢銷，能給終端帶來銷售利潤，終端才會真正地把本企業的產品作爲重點商品做最好的陳列。

6.統籌規劃陳列設備

在終端維護工作中，要統籌規劃，合理管理企業的陳列設備。對於企業來說，並非所有的終端都應給予陳列設備，對陳列設備的發放，企業必須做出合理的規劃，制定相應的發放措施。如娃哈哈對於陳列設備的發放制定了嚴格的制度，它先根據終端上年的銷售量選擇發放對象，發放時也不是免費的，終端在領冰櫃等贈品時，必須交納一定的訂金，如果在規定的期限內銷量達到規定額度，則全額返還訂金，若達不到，則根據比例扣除訂金；若出現本企業冰櫃擺放其他競爭品，則勸其整改，在 3 次勸誡無效的情況下，扣除全部訂金。

企業必須合理地運用有限的資源，因此，在規劃終端陳列設備時，必須考慮以下四個問題。

⑴考慮陳列設備的投入產出比。若無利可圖，立即放棄。

⑵判斷終端是旺鋪還是淡鋪，並將終端進行分類，如盈利

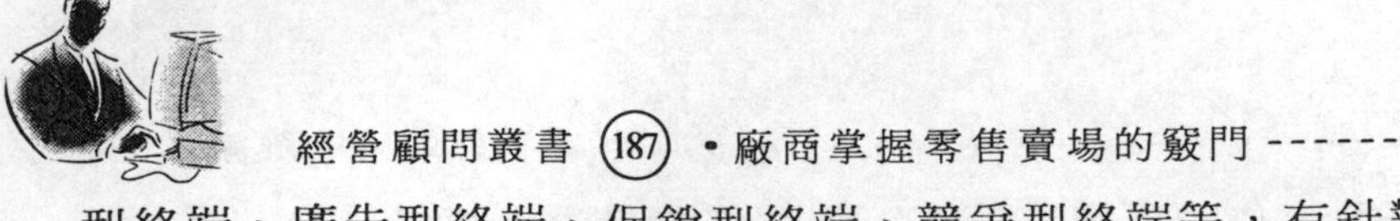

型終端、廣告型終端、促銷型終端、競爭型終端等，有針對性地予以不同的維護和管理。

⑶企業的終端管理和維護人員是否匹配，終端維護及考核是否跟得上。

⑷根據具體情況採取一些有效的改進措施。

3 巡迴拜訪

終端維護的一個非常重要的方面就是巡迴拜訪。這也是終端管理最直接和最基本的方法。所以，企業必須要有專門的銷售人員每人負責一定數目的終端售點，按照標準的拜訪路線和拜訪頻率，定期對每個終端進行走訪。

通過有效的、有頻率的拜訪，可以發現並解決市場中的問題,也能找到市場機會點，實現銷量增長。

1.確定拜訪頻率

爲了使終端拜訪更有效率，企業的終端維護人員必須將所有的終端客戶進行分類管理，按照其銷量及潛在消費能力分成 A 級、8 級、C 級。

⑴A 級：A 級爲企業的重點終端客戶，月進貨數量比較大，銷售量排在前 10 名。對於這樣的終端客戶，每週至少拜訪 1 次。

⑵B 級：B 級終端客戶的銷量處於中等水準，月進貨量不大也不小。對於他們，每週應拜訪 1 次。

⑶C 級：C 級是銷量偏低的客戶，或銷售的是低端產品，月進貨量比較小。對於這些客戶，每月拜訪 1～2 次。

企業必須注意一點，那就是在劃分客戶等級的時候。有些客戶目前進貨量由於比較低而把其劃分為 8 級或 C 級，而實際上他有巨大的潛力。對於這樣的客戶，應給予足夠的重視，應隨時做出調整。

2.規範拜訪路線

合理規範的拜訪路線，可以節約時間，提高效率。企業的終端維護人員應根據區域內的終端情況、終端級別大小、該終端售點的作息習慣，甚至此地的交通狀況等，制定出每天的拜訪路線。

3.有效地利用時間

⑴對於重要的商店應事先約好時間，以確保你到達時，負責人在場並有時間和你商談。

⑵利用等待時間來進行產品生動化、查問庫存、記錄情報等事宜。

⑶儘量控制閒聊的時間。

⑷準備好拜訪工具和資料，不要在客戶前面手忙腳亂地查找。

⑸常常檢討拜訪路線和溝通過程，看看是否可以更高效。

4 終端人員的日常管理

人是終端維護中最活躍、最難以把握的因素，所以，要做好終端維護工作，首先要做好終端人員的日常管理工作。只要做好人員管理，就能很好地帶領終端人員共同維護好終端。

1.計畫管理制度

計畫就是效率，是成功的保證。所以才有了「凡事預則立，不預則廢」之說。在終端維護中，要實行嚴格的計畫管理，經理、主管和業務人員都要制定嚴格的工作計畫。例如，業務人員每天都要制定第二天的行銷路線，每一個店的計畫任務，確定所要拜訪的對象，堅決避免每天工作開始之後還不知道要往那裏去，導致工作中出現盲目現象。

2.持之以恆地培訓

毋庸置疑，工作是由人做的，沒有一批高素質的業務人員，終端維護將會成爲無米之炊。在具體的人員選拔上，要從業務素質、從業心態、必備的業務知識和業務技能等方面進行考慮。尤其值得一提的是從業人員的心態問題，終端維護工作枯燥無味，每天周而復始，如果沒有一個很好的從業心態是根本幹不好終端維護工作的。所以，如果心態不好，即使業務素質再高也堅決不用，以免留下後患。

缺乏業務知識和技巧不要緊，只要心態好就可以在日後的工作之中進行很好的培訓，在短期之內就可以很快地適應工作，熟悉工作，並幹好工作。從現實情況看，凡是終端維護工作做得比較成功的企業，在一個相對較長的週期內人員的流動性都不是很大，相反，那些不成功的企業的人員流動性比較大，考察其人員素質，幾乎絕大部分都是員工心態不好。

良好的業績必定來源於優秀的團隊，但是優秀的團隊決不是生而有之的，必須經過持之以恆的長期培養才能形成。

要做好終端維護，就必須建立優秀的團隊。在團隊建設方面，要努力培養團隊高昂的工作激情、嫻熟的業務知識和業務技巧、良好的基本素質、平和的從業觀念、積極向上的工作心態、團結和諧的工作氣氛、有張有弛的工作節奏、適度合理的娛樂機會。只有這樣長期堅持，一支優秀的團隊才能形成。把團隊建設貫穿在整個終端維護進展之中，充分利用每一個機會進行終端隊伍的調整和培養。如中秋的團聚、經常性的業務交流和培訓制度、員工的生日祝福等很細微的方面。

一方面加強崗前、崗中培訓，增強終端工作人員的責任感和成就感，放手讓其獨立工作；另一方面，管理者應身體力行，與終端工作人員協同拜訪，並給予其理論和實踐的指導，發現問題及時解決，使終端工作人員的業務水準不斷提高，以適應更高的工作要求。此外，增進主管人員對終端人員各方面工作情況的瞭解，對制定培訓計畫和增加團隊穩定性也有不可忽視的作用。

3.標準管理模式推廣

要在終端維護工作中不斷總結和借鑑，再根據企業終端的具體情況，逐步摸索出一套適合企業自身特色的終端標準化管理模式，以便與整體市場業績的提升和新開發市場的終端快速啓動相結合。

4.激勵政策合理有效

馬斯洛的層次需求理論告訴我們，人的需求包括基本的物質生活需求、追求更高物質和精神生活的需求。應在終端工作開展之前，制定一套合理有效的激勵政策。

5.做好終端協調

企業對終端維護人員所反映的問題，一定要給予高度重視，核實情況後盡力解決，這樣既可體現終端維護人員的價值，增強其歸屬感、認同感，又可提高其工作的積極性。還可以鼓勵他們更深入、更全面地思考問題，培養自信心。企業應擁有一套完善的終端維護人員管理制度，並通過它來約束終端維護人員的行爲，終端管理的首要環節才能有保證。終端維護人員對零售終端網路的管理可採取三個步驟。

⑴終端分類：根據各終端所處位置、營業面積、社區經濟條件、銷售量、知名度等情況，把自己所管轄區域內的零售終端進行分類。使終端維護工作分清輕重緩急，好鋼用在刀刃上，真正提升終端維護的品質。

⑵合理確定拜訪週期：和前面文章中論述的一樣．對終端的拜訪可根據終端類別設置週期，突出重要的終端，提高工作效率。

⑶明確目標和具體任務：單純的終端維護不像商業銷售工作那樣，可以根據銷售量和回款額的多少來直觀地評價，但這並不說明終端維護工作就沒有標準可循。一個優秀的終端維護人員，應該明確自己的工作目標。例如：每天拜訪多少家終端，每家的產品陳列要做到那種水準，各類終端產品鋪貨率要達到多少等。每日總結自己的工作，評價目標完成情況，不斷積累經驗，提高工作能力。

6.做好終端績效考核工作

終端維護的性質決定了嚴格考核的重要性，沒有一套嚴格的可實施性強的考核制度並堅決貫徹執行，所有的工作就會流於形式。在考核過程中要堅決杜絕出現人情管理現象。

5 經典案例：香煙品牌的終端維護工作

多年以來，H 牌捲煙廠在快速發展的同時，一直致力於終端建設與維護工作，下面是該廠某銷售部的終端維護與管理工作紀實，從中可以看出該廠終端管護工作的規範化。

該銷售部在終端維護工作上有其獨特的管理方法。他們首先在組織和制度上落實到位。該部副經理和所有行銷業務人員把 90%以上的精力用於終端售點，經理則以煙草公司、配送中心和批發點爲主要工作對象，同時做好終端工作的佈置、檢查、控制和總結。在與煙草公司的關係上，該銷售部的經理佔盡了天時地利，多年的捲煙調撥接待工作，爲其打下了良好的感情基礎。到該銷售部後，利用各種機會又進一步加深了與公司高層的關係。爲便於搞好與終端客戶的關係，按照客戶分佈密度和所在街道，爲每一位業務員劃定一個相對固定的區域，專門負責所屬區域的終端售點的工作。並把客戶關係融洽程度、交客戶朋友的數量、鋪貨率、上櫃率、產品的陳列位置、產品及宣傳品的整潔等作爲主要考核指標。爲了更好地做好終端維護工作，他們實施了「16 個 1 終端行銷管護工程」。這一工程的具體情況如下。

⑴一張客戶分佈圖。在這張圖上，終端客戶的名稱、位址、

分佈狀態、分佈位置、重點客戶和一般客戶、穩固型友好客戶、不穩定的客戶和待發展型客戶一目了然。他們每天的工作主要都是從這張圖開始。

⑵一張客戶檔案資料表。在客戶檔案資料中，詳細地標明客戶的名稱、位址、電話、聯繫人、經營範圍、規模、銷量、行銷能力、商業運作能力以及與企業的關係密切程度、終端業主的性格特點、愛好等資訊。每次走訪都要仔細觀察客戶的變化，及時更新客戶資訊，保持客戶資料的準確性。

⑶一本訪銷日記。要求每天一篇工作日記，記錄訪問客戶的情況、客戶庫存等；記好產品的陳列位置、數量和狀態；位置是否最佳，數量減少多少。有無殘損產品，是否需要補貨和調換殘損產品；產品是否完好、整潔；廣告畫等宣傳用品是否明顯、清潔，是否陳舊；保持產品和宣傳品的整潔完好，修復或更換損壞、過期的宣傳品；記錄客戶意見和消費者的回饋資訊，競爭品牌的價格、數量、用戶意見等的微妙變化和宣傳促銷資訊，提出應對措施和建議。在離開終端售點後，按照要求記錄下這次訪問的詳細情況，特別是出現的新問題、新情況；下次拜訪的側重點是什麼，需要解決那些問題；記錄下自己的體會、成功經驗和失敗的教訓等。如果沒有記錄就被視為今天沒有開展工作。每晚例會經理都要檢查訪銷日記。

⑷一枚企業徽章（或上崗證）。在銷售終端，產品及業務人員的形象就代表企業的形象，所以每次出訪前銷售部經理都要認真檢查上崗證佩戴情況，包括服裝穿戴是否整潔，皮鞋是否擦的乾淨明亮。

⑸一張名片。每一位業務員都要隨身攜帶企業統一印製的名片。遇到不是特別熟悉的客戶，主動告知自己的單位、姓名。如果是初次見面，主動遞上自己的名片並自我介紹，有的業務員將自己的聯繫電話、位址等做成不乾膠貼在客戶電話機的適當位置。這樣就充分地發揮了名片的作用．極大地創造了銷售的機會。

⑹一張企業宣傳光碟和一本《服務手冊》。向客戶和消費者一對一、面對面地宣傳企業和產品，特別是針對大多數經銷商沒有時間觀看或看不明白企業的電視廣告等情況，通過光碟、報刊等宣傳資料介紹電視廣告和對企業的宣傳報導，很好地解決了廣告落地問題，充分發揮和利用了立體化廣告的效應。

⑺一個「服務包」。在他們專門進行終端維護的麵包車內放有工作梯(長度正好適合放置在車內)，還有一把鉗子、一把錘子、一捆細鐵絲和一盒鋼釘，利用這些工具隨時爲客戶服務，幫助客戶整理貨架，維修照明線路、貨架等。在爲客戶義務服務的同時，整理、清潔自己的產品。保持產品的最佳位置和最佳形象。

⑻每天訪問一定數量的客戶。該銷售部規定每個業務員每天至少訪問 10 個終端客戶。拜訪時注意查看自己企業產品的擺放位置、排列方式、佔用空間和整體效果是否鮮明突出。詳細檢查價格標籤是否完整、清潔、明瞭；標價是否清楚，是否符合企業價格策略。瞭解實際售價及消費者對價格的反映，維護正常的價格秩序。瞭解售點促銷的情況，觀察商店的售點促銷活動和陳列，尋找可以用來建立與本企業產品有聯繫的售點促

銷機會。留意更多的陳列位置和張貼宣傳畫的位置。注意競爭對手動態，記下競爭對手產品在貨架上所佔的位置和空間，警惕對手的競爭性陳列或任何宣傳促銷活動。檢查存貨和脫銷情況，檢查存貨時，要核實庫內是否有存貨，如發現貨架上沒有要及時填補。如果沒有存貨或存貨不足，就要及時協調補貨。

⑼每天整理一個貨架。幫助零售商整理貨架，在整理過程中順便核查自己的產品，充分利用零售商店現有的陳列空間，趁機擴大產品的陳列規模，把產品擺放在最顯眼的位置。在整理的過程中，除了要保持產品本身的清潔外，還必須隨時更換終端零售店中損壞品、瑕疵品和屆期品。還要想方設法處理滯銷品，讓產品以最好的面貌面對消費者，維護產品形象和企業形象。這樣使 H 牌系列香煙吸引了大批的消費者。例如，在商場把 H 牌分不同規格品種集中擺放在了貨架的中間位置，佔據了約 1.5 米寬的框格，十分醒目。

⑽一張笑臉走近客戶。友情友好，精力集中，態度自然，落落大方，給終端商和消費者以可親、可信、可交、可愛的良好印象，深入傾聽他們的一些真實意見和想法。本著「真誠相待、平等合作、互惠互利、共求發展」的原則和與客戶交朋友的目的去拜訪結交終端客戶。在進入商店前，翻閱客戶檔案或訪問記錄，對一些關鍵的資訊如店主的姓名、性格特點和特長愛好，有那些禁忌和需求，需要怎樣的服務，可能要回答的問題等都進行精心的準備。

⑾沒有一件投訴得不到圓滿答覆。將客戶的不滿在第一次投訴時就詳細記錄下來，在第一時間內立刻採取力所能及的補

救措施，並將資訊傳送給解決此問題所涉及到的相關部門並督促解決問題。

⑿一個好主意。在為客戶提供產品和一般性服務的同時，還力所能及的提供人、財、物、技術、資訊、諮詢等特別服務，幫助客戶解決銷售中遇到的問題，使客戶不斷獲得成功，從而形成一榮俱榮，一損俱損的「雙贏」戰略夥伴關係。良好的夥伴關係提高了客戶轉向競爭者的機會成本，同時也增加了客戶脫離競爭者而轉向本企業的機會。

⒀每天結交一位零售商朋友或消費者朋友。朋友數量是業績考核的重要指標之一，通過交朋友，與他們形成相互信任、相互忠誠、牢不可破、密不可分、長期穩定的關係。

⒁每週至少一次訪送。協助煙草公司訪送人員訪問經銷商，在訪問過程中推介自己的產品，觀察客戶訂貨情況，包括廠家、品牌、數量、品種結構等的變化，掌握競爭品牌的資訊。

⒂每一階段都有一個重點活動。例如，在某區域內針對競爭對手推出的 8mg 低焦油產品。及時加強了 5mg 低焦油 H 牌的終端宣傳，有針對性地介紹了產品特點，如採取了低自由基技術和「1+1」選擇性吸附、選擇性催化技術，降低了焦油對捲煙危害的同時，保持了產品風格和香氣質、香氣量。雖沒有詆毀競爭品牌，但顯而易見，H 牌不僅焦油含量更低，餘味純淨舒適，而且煙香濃濃。這樣一來，有效地阻止了競爭品牌的進入。

⒃每晚一次例會。每天下班前，由銷售部經理主持檢查訪銷日記，匯總當日情況，佈置明天的工作。對於工作中存在的問題進行講評，包括銷量、客戶開發、工作態度等；而對於工

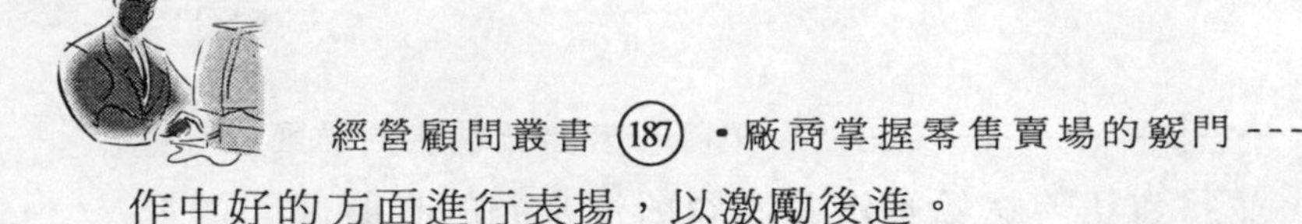

作中好的方面進行表揚，以激勵後進。

H 牌在終端維護工作中總結探討了一些實實在在的方法。也在終端維護工作中獲得了一些成功的樂趣。通過「16 個 1 終端行銷管護工程」的實施，使得 H 牌牌香煙的終端維護工作更上一層樓，取得了優異的業績。該銷售部的銷量和產品結構始終好於其他各銷售部，從而成爲各銷售部學習的榜樣。

圖書出版目錄

郵局劃撥號碼：18410591　　　郵局劃撥戶名：憲業企管顧問公司

經營顧問叢書

4	目標管理實務	320 元	31	銷售通路管理實務	360 元
5	行銷診斷與改善	360 元	32	企業併購技巧	360 元
6	促銷高手	360 元	33	新產品上市行銷案例	360 元
7	行銷高手	360 元	37	如何解決銷售管道衝突	360 元
8	海爾的經營策略	320 元	46	營業部門管理手冊	360 元
9	行銷顧問師精華輯	360 元	47	營業部門推銷技巧	390 元
10	推銷技巧實務	360 元	49	細節才能決定成敗	360 元
11	企業收款高手	360 元	50	經銷商手冊	360 元
12	營業經理行動手冊	360 元	52	堅持一定成功	360 元
13	營業管理高手（上）	一套	55	開店創業手冊	360 元
14	營業管理高手（下）	500 元	56	對準目標	360 元
16	中國企業大勝敗	360 元	57	客戶管理實務	360 元
18	聯想電腦風雲錄	360 元	58	大客戶行銷戰略	360 元
19	中國企業大競爭	360 元	59	業務部門培訓遊戲	380 元
21	搶灘中國	360 元	60	寶潔品牌操作手冊	360 元
22	營業管理的疑難雜症	360 元	61	傳銷成功技巧	360 元
23	高績效主管行動手冊	360 元	62	如何快速建立傳銷團隊	360 元
25	王永慶的經營管理	360 元	63	如何開設網路商店	360 元
26	松下幸之助經營技巧	360 元	66	部門主管手冊	360 元
30	決戰終端促銷管理實務	360 元	67	傳銷分享會	360 元

68	部門主管培訓遊戲	360 元
69	如何提高主管執行力	360 元
70	賣場管理	360 元
71	促銷管理（第四版）	360 元
72	傳銷致富	360 元
73	領導人才培訓遊戲	360 元
75	團隊合作培訓遊戲	360 元
76	如何打造企業贏利模式	360 元
77	財務查帳技巧	360 元
78	財務經理手冊	360 元
79	財務診斷技巧	360 元
80	內部控制實務	360 元
81	行銷管理制度化	360 元
82	財務管理制度化	360 元
83	人事管理制度化	360 元
84	總務管理制度化	360 元
85	生產管理制度化	360 元
86	企劃管理制度化	360 元
87	電話行銷倍增財富	360 元
88	電話推銷培訓教材	360 元
90	授權技巧	360 元
91	汽車販賣技巧大公開	360 元
92	督促員工注重細節	360 元
93	企業培訓遊戲大全	360 元

94	人事經理操作手冊	360 元
95	如何架設連鎖總部	360 元
96	商品如何舖貨	360 元
97	企業收款管理	360 元
98	主管的會議管理手冊	360 元
100	幹部決定執行力	360 元
104	如何成爲專業培訓師	360 元
105	培訓經理操作手冊	360 元
106	提升領導力培訓遊戲	360 元
107	業務員經營轄區市場	360 元
109	傳銷培訓課程	360 元
110	〈新版〉傳銷成功技巧	360 元
111	快速建立傳銷團隊	360 元
112	員工招聘技巧	360 元
113	員工績效考核技巧	360 元
114	職位分析與工作設計	360 元
116	新產品開發與銷售	400 元
117	如何成爲傳銷領袖	360 元
118	如何運作傳銷分享會	360 元
122	熱愛工作	360 元
124	客戶無法拒絕的成交技巧	360 元
125	部門經營計畫工作	360 元
126	經銷商管理手冊	360 元

127	如何建立企業識別系統	360 元
128	企業如何辭退員工	360 元
129	邁克爾・波特的戰略智慧	360 元
130	如何制定企業經營戰略	360 元
131	會員制行銷技巧	360 元
132	有效解決問題的溝通技巧	360 元
133	總務部門重點工作	360 元
134	企業薪酬管理設計	
135	成敗關鍵的談判技巧	360 元
137	生產部門、行銷部門績效考核手冊	360 元
138	管理部門績效考核手冊	360 元
139	行銷機能診斷	360 元
140	企業如何節流	360 元
141	責任	360 元
142	企業接棒人	360 元
143	總經理工作重點	360 元
144	企業的外包操作管理	360 元
145	主管的時間管理	360 元
146	主管階層績效考核手冊	360 元
147	六步打造績效考核體系	360 元
148	六步打造培訓體系	360 元

149	展覽會行銷技巧	360 元
150	企業流程管理技巧	360 元
151	客戶抱怨處理手冊	360 元
152	向西點軍校學管理	360 元
153	全面降低企業成本	360 元
154	領導你的成功團隊	360 元
155	頂尖傳銷術	360 元
156	傳銷話術的奧妙	360 元
158	企業經營計畫	360 元
159	各部門年度計畫工作	360 元
160	各部門編制預算工作	360 元
161	不景氣時期，如何開發客戶	360 元
162	售後服務處理手冊	360 元
163	只爲成功找方法，不爲失敗找藉口	360 元
166	網路商店創業手冊	360 元
167	網路商店管理手冊	360 元
168	生氣不如爭氣	360 元
169	不景氣時期，如何鞏固老客戶	360 元
170	模仿就能成功	350 元
171	行銷部流程規範化管理	360 元
172	生產部流程規範化管理	360 元

173	財務部流程規範化管理	360 元
174	行政部流程規範化管理	360 元
175	人力資源部流程規範化管理	360 元
176	每天進步一點點	350 元
177	易經如何運用在經營管理	350 元
178	如何提高市場佔有率	360 元
179	推銷員訓練教材	360 元
180	業務員疑難雜症與對策	360 元
181	速度是贏利關鍵	360 元
182	如何改善企業組織績效	360 元
183	如何識別人才	360 元
184	找方法解決問題	360 元
185	不景氣時期，如何降低成本	360 元
186	營業管理疑難雜症與對策	360 元
187	廠商掌握零售賣場的竅門	360 元
188	推銷之神傳世技巧	360 元
189	企業經營案例解析	360 元
191	豐田的管理模式	360 元

《商店叢書》

1	速食店操作手冊	360 元
4	餐飲業操作手冊	390 元
5	店員販賣技巧	360 元
6	開店創業手冊	360 元
8	如何開設網路商店	360 元
9	店長如何提升業績	360 元
10	賣場管理	360 元
11	連鎖業物流中心實務	360 元
12	餐飲業標準化手冊	360 元
13	服飾店經營技巧	360 元
14	如何架設連鎖總部	360 元
18	店員推銷技巧	360 元
19	小本開店術	360 元
20	365 天賣場節慶促銷	360 元
21	連鎖業特許手冊	360 元
22	店長操作手冊（增訂版）	360 元
23	店員操作手冊（增訂版）	360 元
24	連鎖店操作手冊（增訂版）	360 元
25	如何撰寫連鎖業營運手冊	360 元
26	向肯德基學習連鎖經營	350 元

《工廠叢書》

1	生產作業標準流程	380 元
2	生產主管操作手冊	380 元
3	目視管理操作技巧	380 元
4	物料管理操作實務	380 元
5	品質管理標準流程	380 元
6	企業管理標準化教材	380 元
8	庫存管理實務	380 元
9	ISO 9000 管理實戰案例	380 元
10	生產管理制度化	360 元
11	ISO 認證必備手冊	380 元
12	生產設備管理	380 元
13	品管員操作手冊	380 元
14	生產現場主管實務	380 元
15	工廠設備維護手冊	380 元
16	品管圈活動指南	380 元
17	品管圈推動實務	380 元
18	工廠流程管理	380 元
20	如何推動提案制度	380 元
21	採購管理實務	380 元
22	品質管制手法	380 元
23	如何推動 5S 管理（修訂版）	380 元
24	六西格瑪管理手冊	380 元
25	商品管理流程控制	380 元
27	如何管理倉庫	380 元
28	如何改善生產績效	380 元
29	如何控制不良品	380 元
30	生產績效診斷與評估	380 元
31	生產訂單管理步驟	380 元
32	如何藉助 IE 提升業績	380 元
33	部門績效評估的量化管理	380 元

《醫學保健叢書》

1	9 週加強免疫能力	320 元
2	維生素如何保護身體	320 元
3	如何克服失眠	320 元
4	美麗肌膚有妙方	320 元
5	減肥瘦身一定成功	360 元
6	輕鬆懷孕手冊	360 元
7	育兒保健手冊	360 元
8	輕鬆坐月子	360 元
9	生男生女有技巧	360 元
10	如何排除體內毒素	360 元
11	排毒養生方法	360 元
12	淨化血液 強化血管	360 元
13	排除體內毒素	360 元
14	排除便秘困擾	360 元

15	維生素保健全書	360 元
16	腎臟病患者的治療與保健	360 元
17	肝病患者的治療與保健	360 元
18	糖尿病患者的治療與保健	360 元
19	高血壓患者的治療與保健	360 元
21	拒絕三高	360 元
22	給老爸老媽的保健全書	360 元
23	如何降低高血壓	360 元
24	如何治療糖尿病	360 元
25	如何降低膽固醇	360 元
26	人體器官使用說明書	360 元
27	這樣喝水最健康	360 元
28	輕鬆排毒方法	360 元
29	中醫養生手冊	360 元
30	孕婦手冊	360 元
31	育兒手冊	360 元
32	幾千年的中醫養生方法	360 元
33	免疫力提升全書	360 元
34	糖尿病治療全書	360 元
35	活到 120 歲的飲食方法	360 元
36	7 天克服便秘	360 元

《幼兒培育叢書》

1	如何培育傑出子女	360 元
2	培育財富子女	360 元
3	如何激發孩子的學習潛能	360 元
4	鼓勵孩子	360 元
5	別溺愛孩子	360 元
6	孩子考第一名	360 元
7	父母要如何與孩子溝通	360 元
8	父母要如何培養孩子的好習慣	360 元
9	父母要如何激發孩子學習潛能	360 元
10	如何讓孩子變得堅強自信	360 元

《成功叢書》

1	猶太富翁經商智慧	360 元
2	致富鑽石法則	360 元
3	發現財富密碼	360 元

《企業傳記叢書》

1	零售巨人沃爾瑪	360 元
2	大型企業失敗啓示錄	360 元
3	企業併購始祖洛克菲勒	360 元
4	透視戴爾經營技巧	360 元

5	亞馬遜網路書店傳奇	360 元
6	動物智慧的企業競爭啓示	320 元
7	CEO 拯救企業	360 元
8	世界首富　宜家王國	360 元
9	航空巨人波音傳奇	360 元
10	傳媒併購大亨	360 元

《智慧叢書》

1	禪的智慧	360 元
2	生活禪	360 元
3	易經的智慧	360 元
4	禪的管理大智慧	360 元
5	改變命運的人生智慧	360 元
6	如何吸取中庸智慧	360 元
7	如何吸取老子智慧	360 元
8	如何吸取易經智慧	360 元

《DIY 叢書》

1	居家節約竅門 DIY	360 元
2	愛護汽車 DIY	360 元
3	現代居家風水 DIY	360 元
4	居家收納整理 DIY	360 元
5	廚房竅門 DIY	360 元
6	家庭裝修 DIY	360 元

《傳銷叢書》

4	傳銷致富	360 元
5	傳銷培訓課程	360 元
6	〈新版〉傳銷成功技巧	360 元
7	快速建立傳銷團隊	360 元
8	如何成爲傳銷領袖	360 元
9	如何運作傳銷分享會	360 元
10	頂尖傳銷術	360 元
11	傳銷話術的奧妙	360 元
12	現在輪到你成功	350 元
13	鑽石傳銷商培訓手冊	350 元
14	傳銷皇帝的激勵技巧	360 元
15	傳銷皇帝的溝通技巧	360 元

《財務管理叢書》

1	如何編制部門年度預算	360 元
2	財務查帳技巧	360 元
3	財務經理手冊	360 元
4	財務診斷技巧	360 元
5	內部控制實務	360 元
6	財務管理制度化	360 元

為方便讀者選購，本公司將一部分上述圖書又加以專門分類如下：

《培訓叢書》

1	業務部門培訓遊戲	380 元
2	部門主管培訓遊戲	360 元
3	團隊合作培訓遊戲	360 元
4	領導人才培訓遊戲	360 元
5	企業培訓遊戲大全	360 元
8	提升領導力培訓遊戲	360 元
9	培訓部門經理操作手冊	360 元
10	專業培訓師操作手冊	360 元
11	培訓師的現場培訓技巧	360 元
12	培訓師的演講技巧	360 元

《企業制度叢書》

1	行銷管理制度化	360 元
2	財務管理制度化	360 元
3	人事管理制度化	360 元
4	總務管理制度化	360 元
5	生產管理制度化	360 元
6	企劃管理制度化	360 元

《主管叢書》

1	部門主管手冊	360 元
2	總經理行動手冊	360 元
3	營業經理行動手冊	360 元
4	生產主管操作手冊	380 元
5	店長操作手冊(增訂版)	360 元
6	財務經理手冊	360 元
7	人事經理操作手冊	360 元

《人事管理叢書》

1	人事管理制度化	360 元
2	人事經理操作手冊	360 元
3	員工招聘技巧	360 元
4	員工績效考核技巧	360 元
5	職位分析與工作設計	360 元
6	企業如何辭退員工	360 元

《理財叢書》

1	巴菲特股票投資忠告	360 元
2	受益一生的投資理財	360 元
3	終身理財計畫	360 元
4	如何投資黃金	360 元
5	巴菲特投資必贏技巧	360 元

回饋讀者，免費贈送**《環球企業內幕報導》**電子報，請將你的 e-mail、姓名，告訴我們：huang2838@yahoo.com.tw 即可。

經營顧問叢書 ⑱⑦　　售價：360 元

廠商掌握零售賣場的竅門

西元二〇〇八年七月　　初版一刷

編著：黃家德

策劃：麥可國際出版有限公司（新加坡）

校對：洪飛娟

打字：張美嫻

編輯：劉卿珠

發行人：黃憲仁

發行所：憲業企管顧問有限公司

電話：(02) 2762-2241　0930872873

臺北聯絡處：臺北郵政信箱第 36 之 1100 號

郵政劃撥：**18410591 憲業企管顧問有限公司**

常年法律顧問：江祖平律師（代理版權維護工作）

大陸地區訂書，請撥打大陸手機：13243710873

本公司徵求海外銷售代理商（0930872873）

出版社登記：局版台業字第 6380 號

ISBN：978-986-6704-61-1